LA PÊCHE ANECDOTIQUE

PAR

PIERRE BONNEFONT

TOURS

ALFRED MAME ET FILS

ÉDITEURS

LA PÊCHE

ANECDOTIQUE

3e SÉRIE GRAND IN-8°

Pêche du requin.

LA PÊCHE ANECDOTIQUE

PAR

PIERRE BONNEFONT

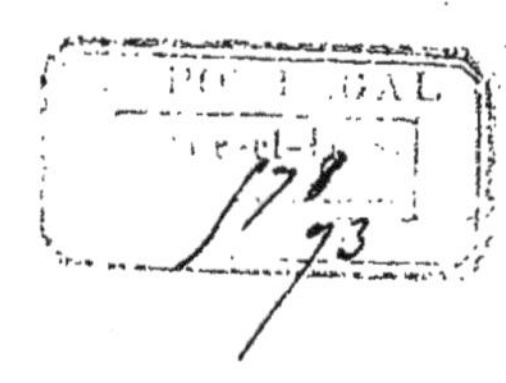

TOURS

ALFRED MAME ET FILS, ÉDITEURS

M DCCC XCIII

A

MON FILS LUCIEN

LA PÊCHE
ANECDOTIQUE

PREMIÈRE PARTIE

CHAPITRE I

L'UTILE ET L'AGRÉABLE — LA PÊCHE DANS L'HISTOIRE
PÊCHEURS CÉLÈBRES — APHORISMES

La pêche est l'un des amusements les plus innocents que l'homme puisse se permettre. Elle présente tous les charmes de la chasse, sans exposer aux mêmes dangers et aux mêmes fatigues. C'est un plaisir peu dispendieux, à la portée du pauvre comme du riche ; elle nourrit l'un et elle distrait l'autre. L'ouvrier, après les labeurs de la semaine, profite du jour de repos pour prendre une friture; levé avant le soleil, il se rend au bord de la rivière et, l'œil au guet, il lutte de ruse et d'adresse avec le poisson. Le commerçant retiré des affaires, les jeunes gens, les vieillards goûtent au bord de l'eau les émotions que leur procurent les péripéties de la pêche. Les maladroits se consolent de leur insuccès, en racontant à tous les échos que leur place était mauvaise, qu'il y avait trop de vent et qu'ils n'ont pas eu une seule touche, tandis que les heureux du jour promènent triomphalement leur butin, en narrant les détails mouvementés de telle ou telle prise; car, il faut le reconnaître, le pêcheur, à l'égal du chasseur, est foncièrement hâbleur, et si on le met sur son thème favori, c'est-à-dire le poisson et les moyens de le capturer, il n'est plus de bornes à sa faconde.

D'une humeur généralement paisible, le pêcheur a pour ennemi naturel le canotier. En effet, celui-ci, lorsqu'il passe dans les eaux du pêcheur, les trouble et effraye les poissons; ce qui a pour résultat immédiat d'exciter la bile du malheureux, qui se répand en lamentations que le vent de la rivière emporte loin du but auquel elles étaient destinées. Ainsi s'explique la mansuétude des hommes d'aviron pour les gens de ligne.

Cependant, si en cette fin de siècle la pêche, en France du moins, est devenue pour les amateurs un simple moyen de distraction, il est utile de dire qu'il n'en a pas été ainsi de tout temps. Jadis, à l'époque où l'homme sauvage et dépourvu de tout en était réduit à vivre au jour le jour du butin qu'il capturait, la pêche, comme la chasse, était une des sources où il avait le plus souvent recours.

Une épine, un crin ou un filament quelconque, formaient tout l'attirail des premiers pêcheurs, et c'est avec ces simples instruments, dont un enfant rirait aujourd'hui, que nos premiers aïeux arrivaient à se pourvoir d'une grande partie de leur alimentation. Certains peuples même vivaient presque exclusivement de poissons; les Ichtyophages, comme leur nom l'indique, en sont la preuve. Par conséquent, il ne faut pas considérer la pêche uniquement comme un amusement, mais bien comme une ressource utile et nécessaire à l'homme, qui sans elle se verrait privé d'une partie essentielle de sa nourriture. Tous les peuples, qu'ils soient civilisés ou sauvages, ont de tout temps connu et pratiqué la pêche. Supposons pour un instant que les proies de l'Océan et des eaux douces viennent à nous manquer, quel vide! quelle misère!... La morue, le thon, la sardine, le maquereau, le hareng et tant d'autres poissons qui nourrissent des populations entières, sans compter toutes celles qu'ils font vivre du produit de leur vente, manquant à la fois, s'imagine-t-on les désastres que leur disparition occasionnerait? Et nous ne parlons pas du poisson de rivière, qui entre, lui aussi, pour une bonne part dans l'alimentation du genre humain.

Heureusement qu'à ce point de vue nous pouvons être tranquilles; car, à moins de cataclysmes impossibles à prévoir, le poisson ne manquera jamais. Une sardine ne donne-t-elle pas naissance à environ six mille poissons par an? Cela suffit à nous rassurer, surtout si on veut bien se souvenir que la sardine n'est pas une exception, et qu'au point de vue de la reproduction elle est soumise à la règle générale sans dépasser la moyenne.

Le pêcheur.

Voilà donc les ressources qu'offre l'élément humide. Or le globe terrestre étant couvert d'eau sur une grande étendue, on peut conclure que les revenus alimentaires que l'homme retire de l'onde sont au moins aussi importants que ceux qu'il retire des continents, exception faite des végétaux.

Par conséquent, la pêche n'est pas seulement une distraction; loin d'être un art ou un délassement négligeable, c'est un des principaux facteurs de la vie. Les eaux sont pour l'homme un grenier d'abondance, où il peut prendre selon ses besoins sans crainte de l'épuiser.

Le poisson fait vivre celui qui s'en nourrit après avoir fait vivre le pêcheur qui l'a pris et l'a vendu au marchand, qui a lui-même prélevé son bénéfice en le cédant au consommateur. Et ce n'est pas tout, car le poisson subit certaines préparations. La sardine, par exemple, demande à être salée, séchée, étêtée, cuite et mise en boîte; la morue se sale et se sèche; le thon, le hareng, exigent de nombreuses manipulations, et ce sont là autant de travaux qui entretiennent et font vivre une intéressante classe d'ouvriers.

Au point de vue du plaisir, il en est de la pêche comme de la chasse. De même que l'on peut, sans s'exposer, tirer les alouettes ou les perdreaux, de même on peut s'attaquer au goujon ou à la carpe; mais si la chasse à l'ours, au lion ou au sanglier, offre des émotions et des dangers réels, la pêche de la baleine, du phoque ou du requin est, elle aussi, pleine d'imprévu et de périls : périls qu'augmente encore l'obligation où se trouve le pêcheur de lutter sur un terrain mobile, où le poisson est chez lui, et où l'homme est placé dans un état d'infériorité notable.

La pêche exige, de la part de celui qui s'y livre, autant d'intelligence et d'observation que la chasse. L'esprit humain a inventé un nombre considérable d'engins et de filets; l'habitude et l'expérience nous ont appris les moyens de capturer le poisson; chaque jour il s'en consomme des milliers et des milliers de kilogrammes. Les braconniers de la pêche, par des procédés prohibés, dépeuplent les rivières; mais les œufs restent, et l'année suivante une nouvelle proie s'offre à l'hameçon et au filet. La mer, cette inépuisable nourricière, est à l'abri des coups de main des braconniers; aussi toutes les campagnes de pêche ne l'appauvrissent-elles pas, malgré les profondes trouées que l'on pratique tous les ans dans les rangs de ses enfants. Pour n'en citer qu'un exemple, nous dirons qu'en 1888 la pêche française seule a pris à l'Océan un milliard quatre cent cinquante millions de sardines. Ce résultat a été obtenu par vingt et un mille sept cent huit marins ou pêcheurs, montés sur quatre mille deux cent soixante-quatorze barques. La capture, la manipulation, la préparation et la vente de ces sardines, ont fait vivre cent mille personnes.

Ce sont là des chiffres qui disent assez la valeur de la pêche et la richesse qu'elle représente pour ceux qui en font une industrie.

Pour ceux qui n'y voient qu'un passe-temps, elle est à la fois agréable, hygiénique et utile. Elle calme les nerfs des personnes violentes, donne des émotions douces et inoffensives, procure un repos agrémenté d'incidents variés, et sert de texte à de nombreuses variations sur un thème unique : les prises remarquables et les luttes homériques dont le paisible pêcheur a été le héros.

Ne sont-ce pas là des titres suffisants à l'affection de l'humanité ?

La pêche est, comme la chasse, d'invention primitive. Les momuments égyptiens et les cryptes de l'Inde prouvent

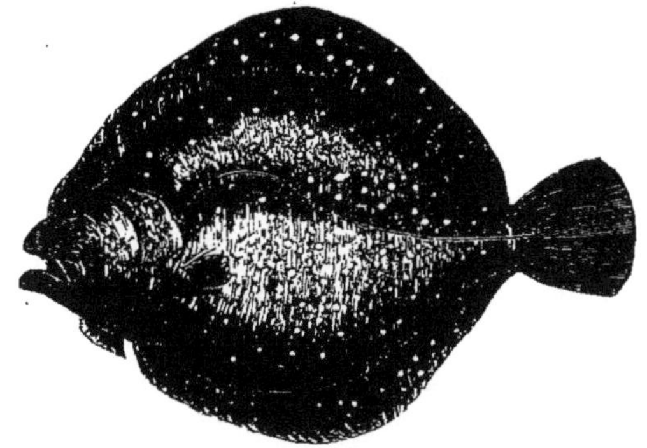

Le turbot.

l'existence des pêcheurs dès la plus haute antiquité. Homère, dans l'*Odyssée*, fait de nombreuses allusions à la pêche à l'hameçon et au filet. Hésiode grave sur le bouclier d'Hercule un pêcheur aux aguets, chargé de son filet et prêt à saisir des poissons que chasse un dauphin.

Chez les Grecs, la pêche devint une industrie lucrative. A Byzance et à Synope, il y avait des établissements de salaisons.

Les Romains avaient des esclaves pêcheurs et des pêcheries, qui s'étendaient au loin dans la mer, jusque chez les Bretons et les Pictes, et au delà des colonnes d'Hercule. Lucullus et Apicius se sont rendus célèbres par les soins qu'ils apportaient à la préparation du poisson; tout le monde connaît les sterlets du Volga et les pétoncles du lac Lucrin. Un turbot inspira à Juvénal une de ses plus mordantes satires.

Varron, Columelle, Suétone, nous donnent sur la pêche et le goût des Romains pour le poisson des détails curieux. Élien, Polybe et Bassus, nous renseignent sur les instruments de pêche, les époques choisies, les appâts de toute nature, les diverses espèces de poissons et leurs parages favoris.

Une ancienne tradition, qui nous a été transmise par Fœstus, nous apprend qu'à Rome, au mois de juin de chaque année, on célébrait des jeux appelés *ludi piscatorii.*

D'après quelques passages des *Eddas,* les Slaves furent les premiers pêcheurs de harengs dans les mers de Scandinavie, et propagèrent leurs procédés parmi les peuples du Nord.

Les Norwégiens et les Écossais poursuivaient les phoques; les Basques allaient pêcher la baleine jusqu'à la hauteur du cap Finistère.

En 888, la morue abondait dans les eaux de l'île d'Héligoland.

En France, la pêche comme la chasse était comptée parmi les plaisirs des rois : *Inter regalia numerantur piscationum reditus,* dit Saint-Yon. Le même historien nous apprend que la chasse était défendue aux religieux, mais que la pêche leur était permise.

Les Juifs ne faisaient aucun cas de l'industrie du pêcheur; mais les premiers chrétiens la tenaient en honneur. Les apôtres, saint Pierre entre autres, qui étaient pour la plupart pêcheurs de profession, abandonnèrent la pêche du poisson pour suivre le Christ.

Parmi les célébrités artistiques et littéraires modernes, la ligne compte de nombreux amateurs : Ambroise Thomas, Émile Augier, Octave Feuillet, Meissonnier, Alphonse Karr, Jules Sandeau, Auguste Maquet, le peintre Nanteuil. Rossini trouva, dit-on, le fameux trio de *Guillaume Tell* en prenant du goujon dans une des propriétés d'Aguado.

La pêche est un sport qui ne convient qu'aux gens intelligents ; les têtes vides ne sauraient ni se suffire à elles-mêmes, ni suivre et développer une idée pendant les longues heures de contemplation et d'observation, qu'exige le maniement de la ligne. Elle est le délassement des hommes d'action, et le plus vif plaisir des poètes et des artistes.

Seules les dames se montrent rebelles; elles paraissent insensibles aux charmes de la pêche, et il est peu de gens qui aient vu des pêcheuses à la ligne. C'est regrettable; car ce sport enseigne à ses adeptes la patience, la réserve et la réflexion, et il ne nous paraîtrait pas inutile que la plus belle moitié du genre humain en acquît sa part.

Nous mentionnerons, pour mémoire, l'écrivain humoriste qui a dit que la ligne est un engin commençant par un imbécile et finissant par une bête. Cette définition, quelque spirituelle qu'elle puisse paraître, est absolument dépourvue de justesse, et nous en laissons toute la responsabilité à son auteur, abandonnant à nos lecteurs le soin de l'apprécier. Pour nous, qui sommes bien loin de partager l'avis du plaisant qui a donné le jour à cette boutade, nous nous contenterons de donner aux adeptes de la ligne quelques conseils que nous suggère notre expérience personnelle, corroborée, du reste, par les avis des plumes les plus autorisées.

Tout d'abord vous tous, amis lecteurs, qui nourrissez dans votre cœur le feu sacré de la pêche, permettez-moi de vous poser une question : Savez-vous nager? Si oui, tout est parfait, et vous êtes en règle avec dame sagesse; si non, apprenez au plus vite, et profitez des premiers beaux jours pour vous rendre à l'école de natation, où, moyennant une somme minime, vous vous assurerez pour l'avenir les moyens de sauver votre vie ou celle de vos semblables; car, dans la carrière d'un pêcheur, il ne se passe guère de saison qu'un accident ou une catastrophe n'assombrisse, par suite de l'imprudence ou de l'ignorance de ceux qui ne savent pas nager. Combien voit-on de barques qui chavirent au passage d'un vapeur? Combien compte-t-on de pêcheurs qui, établis sur un parapet ou sur une pile de pierres mal équilibrée, ont glissé dans la rivière, dont les flots perfides se sont refermés sur eux? Vous-même pouvez être victime d'une semblable aventure, et il ne se trouve pas toujours un sauveteur à point nommé pour vous retirer de ce mauvais pas. Apprenez donc à nager.

Qu'un costume simple et approprié à la saison vous couvre pendant vos longues stations au bord de l'eau; négligez les objets de luxe, mais assurez-vous du nécessaire, et prenez toutes les précautions que l'hygiène commande. Ne partez pas, de grand matin, avec l'estomac vide; emportez dans votre poche un flacon d'un liquide généreux, et évitez les coups de soleil; mieux vaut abandonner votre place que de vous exposer aux rayons caniculaires. Portez toujours des chaussures imperméables; écoutez nos conseils, et, saint Pierre aidant, vous ferez bonne pêche et conserverez votre santé.

CHAPITRE II

LE POISSON : SON ANATOMIE GÉNÉRALE — LE GRAND SECRET DE LA PÊCHE

Avant de chercher à développer les principes et les règles qui doivent servir de guide au pêcheur, nous jetterons un coup d'œil rapide sur l'organisation générale des poissons. Il est bon de connaître l'ennemi auquel on va s'attaquer, afin de le prendre par son faible et de le mettre dans l'impossibilité de profiter de son fort.

Le poisson est un animal vertébré, muni de branchies qui chez lui remplacent les poumons. Comme il ne respire l'air qu'avec l'eau, les lames cartilagineuses des branchies, soudées ensemble à leur base, ont pour mission de séparer l'air de l'eau qui le renferme. Le poisson ne pourrait pas vivre dans de l'eau entièrement privée d'air, soit au moyen de la machine pneumatique, soit par l'ébullition. Par conséquent, le poisson peut se noyer tout comme un autre animal si l'air vient à lui manquer, circonstance qui peut se produire par suite d'un accident des branchies ou par suite de l'absence totale de ce facteur essentiel de la vie.

A ce caractère général ajoutons que tous les poissons ont le sang froid et sont ovipares.

L'arête du milieu constitue chez les poissons la colonne vertébrale; elle comprend les vertèbres, dont le nombre varie suivant les espèces. Il est, par exemple, de vingt-huit pour l'esturgeon et de cent quinze dans l'anguille, sans compter deux cent sept vertèbres rudimentaires.

Les poissons ont plusieurs nageoires auxquelles on a donné des noms suivant la position qu'elles occupent sur le corps. Les nageoires *pectorales* (ou nageoires de la poitrine) sont celles qui sont situées à l'angle supérieur du crâne, près des branchies, ou organes de la respiration. Les *anales*, comme leur nom l'indique, se trouvent dans le tiers inférieur et postérieur du ventre, près de l'anus. Les *dorsales* tiennent au dos, et les *caudales* à la queue.

La plupart des poissons sont pourvus d'une vessie natatoire. C'est une sorte de poche membraneuse remplie d'un gaz qui se dilate ou se comprime au gré de l'animal, de sorte que, la pesanteur spécifique du poisson augmentant ou dimi-

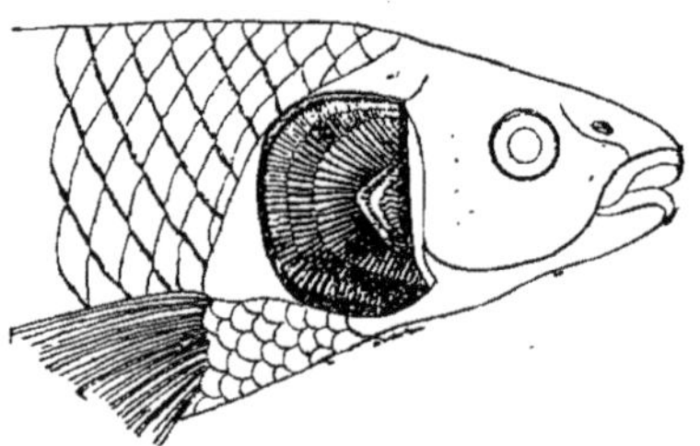

Appareil respiratoire d'un poisson.
(L'opercule enlevé laisse à découvert les branchies.)

nuant, il peut à sa volonté descendre dans les profondeurs de l'eau ou remonter à la surface. C'est aussi cette vessie qui donne au dos du poisson la légèreté nécessaire à l'équilibre; sans elle, le dos, qui est la partie la plus lourde, servirait en quelque sorte de quille et resterait en bas.

La queue du poisson est un excellent gouvernail; elle lui sert à régler la direction de sa marche. C'est, du reste, le modèle que les premiers constructeurs de navires ont cherché à imiter.

Certains poissons nagent avec une rapidité et une force surprenantes. Les truites s'élèvent dans les Alpes, en remontant les torrents et les chutes d'eau, jusqu'à quatre mille mètres au-dessus du niveau de la mer.

« Le vol de l'aigle, dit un naturaliste, ne peut être comparé à la nage rapide du thon, des dorades, et surtout du saumon, qui franchit quatre toises en une seconde et environ huit lieues en une heure. Des requins et d'autres squales accompagnent quelquefois les vaisseaux des ports de l'Europe au continent américain; quelle que soit la rapidité du bâtiment, non seulement ils le suivent sans peine, mais encore ils se jouent autour de lui et font mille circuits en avant et en arrière. »

Les poissons ont les yeux mobiles et disposés intérieurement à peu de chose près comme ceux des mammifères; cependant ils sont dépourvus de paupières. Les organes de l'audition sont très développés, aussi les poissons ont-ils l'ouïe très fine. Ils ont également le sens de l'odorat, mais il semble qu'à cet égard ils soient assez mal partagés. Ce qui est certain, c'est que le poisson entend et voit très bien ce qui se passe autour de lui; il en résulte que la première précaution à prendre lorsqu'on veut pêcher, est de se bien cacher et de se tenir coi.

Combien voit-on de pêcheurs qui, après avoir passé quelquefois toute une journée au bord de la rivière, ne rapportent dans leur panier qu'un misérable fretin !

De ces pêcheurs on se moque non sans raison; on les crible de plaisanteries, on les gouaille, ce qui ne les empêche pas de recommencer le lendemain leurs infructueuses campagnes.

A ceux-là, M. de Château-Chalons donne ce conseil que l'anatomie du poisson justifie pleinement : « Cachez-vous ! »

« C'est à ceux-là que nous dédions ces lignes, dit-il, heureux si nous pouvons les éclairer, leur faire comprendre la vraie cause de leur insuccès et, par suite, leur indiquer le moyen de faire de si belles captures, que les épigrammes qui leur étaient décochées se changeront en louanges et en félicitations.

« Tout le monde, sur les quais de Tours, de Paris, de Rouen et autres villes, a pu se payer le plaisir de contempler les manœuvres plus ou moins intéressantes d'un pêcheur à la ligne, nous voulons parler d'un des inhabiles.

« C'est un monsieur admirablement équipé : magnifique canne à pêche, qui se monte au moyen de vis, lignes de toute espèce en belle florence, amples provisions d'hameçons irlandais, réputés les meilleurs, appâts divers qu'il a achetés comme ayant la vertu de faire prendre des quantités incalculables de poisson, énorme panier tout flambant neuf, dans lequel on pourrait aisément coucher un enfant de cinq ans, rien ne manque.

« En arrivant au bord de la rivière, il a vu une foule de dards, de juernes, de goujons, d'ablettes, de brêmes, etc., faisant briller leurs écailles argentées, jouant sur le lit de sable doré ou gambadant à la surface, comme s'ils voulaient provoquer l'habileté du pêcheur.

« — Ah ! voilà un bon endroit! » dit-il.

« Et il monte avec empressement son engin, — une longue gaule de près de dix-huit pieds ; — il amorce avec un soin méticuleux, et le voilà bientôt, sa ligne étant lancée à l'eau, le bras tendu, l'œil fixé sur le liège indicateur peint en rouge.

« Certes, je ne serai pas accusé d'exagération lorsque je dirai qu'il continue cet exercice pendant deux, trois, quatre heures et plus, fouettant sans cesse l'air avec sa canne à pêche, renouvelant constamment son appât, se mettant presque les pieds dans l'eau pour mieux se rapprocher du poisson qu'il convoite, courant le risque, par une trop longue immobilité, d'attraper une paralysie de première classe, et déployant, en fin de compte, une patience vraiment héroïque.

« Le soir, au moment où il pliera bagages, demandez-lui ce qu'il a pris. Il vous montrera un ou deux goujons, trois ou quatre ablettes ou un petit juerne, le tout d'une valeur de deux ou trois liards.

« Et immédiatement, pour vous expliquer pourquoi il a fait si maigre capture, il vous dira que le vent est absolument contraire à la pêche, que le poisson refuse de mordre, que l'appât dont il fait usage est sans doute défectueux, etc. Car notez bien que le pêcheur, sous ce rapport, ressemble énormément au chasseur. L'un et l'autre ont une imagination des plus fertiles pour s'excuser, lorsqu'ils reviennent le panier ou la carnassière vides.

« Évidemment ce pêcheur malheureux ne connaît pas ce que j'appelle le *grand secret de la pêche,* et qui est une chose des plus simples.

« Lorsqu'il est descendu au bord de la rivière, il aurait dû remarquer que tous les poissons qu'il avait vus de loin, frétillant et cabriolant, avaient fui à son approche. Il devait se dire que le déploiement de ses lignes et les mouvements incessants de sa grande gaule, qu'il manœuvrait comme s'il eût voulu abattre des noix, avaient pour résultat de les effrayer, d'accélérer leur course et de les tenir ensuite à une respectueuse distance. Voilà pourquoi il n'a rien pris, si ce n'est quelques petits poissons, longs comme des épingles, dont le pêcheur sérieux a pitié et qu'il rejette dédaigneusement à l'eau.

« Ne pas être vu du poisson qu'on veut prendre, voilà le véritable et grand secret.

« Si vous voulez faire de belles captures, dissimulez autant

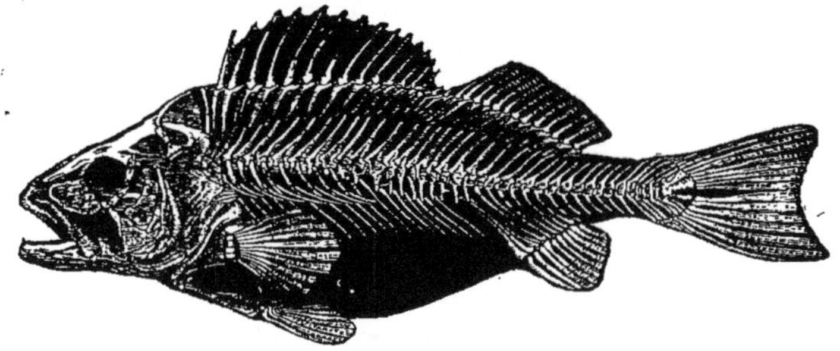

Squelette de poisson.

que possible votre présence; cachez-vous derrière les arbres et les osiers qui bordent la rivière. Si la rive est complètement nue, tendez votre ligne, posez-la sur le pré, — si toutefois un permis de pêche vous autorise à ne pas tenir votre ligne à la main, — et placez-vous juste à la distance qui vous permettra de surveiller votre flotte, en montrant à peine votre tête. Le poisson, ne voyant rien qui soit de nature à l'alarmer, s'approchera et mordra à l'hameçon... »

La plupart des poissons sont avides de chair et se dévorent les uns les autres. Mais la nature a prévu cette destruction, et chaque femelle renferme une quantité considérable d'œufs: le nombre le plus ordinaire de ces œufs est de cent à deux cent mille; cependant une seule morue en contient jusqu'à neuf millions.

Les espèces du genre cyprin, telles que carpes, tanches, barbeaux, brêmes, chevennes, goujons, ablettes, etc., sont les seules qui se nourrissent habituellement des graines et des herbes qui se trouvent dans les eaux. Par contre, le brochet dévore tout ce qu'il rencontre, au risque de se tuer si le morceau est trop gros ou armé de piquants; c'est ainsi que l'épinoche, un des plus petits poissons de nos rivières, résiste au terrible brochet et le tue si son ennemi l'avale, en lui perforant l'intestin avec ses redoutables aiguillons.

Les poissons, tout comme les autres animaux, ont leurs habitudes et leurs mœurs particulières; aussi est-il nécessaire de les étudier et de les connaître si on veut faire bonne pêche : tel poisson fuit les bas-fonds que tel autre recherche; celui-ci aime les herbes, celui-là la vase; une espèce préférera l'eau courante à l'eau dormante, d'autres hantent les lieux frais, alors que certaines variétés ont une prédilection marquée pour les eaux ensoleillées. Toutes ces observations, quelque futiles qu'elles puissent paraître au pêcheur novice, ont une grande importance au point de vue du résultat, c'est-à-dire au point de vue de la capture; aussi indiquerons-nous pour chaque espèce de poissons le moment et le lieu propices à leur pêche.

C'est pour ces raisons qu'on peut dire, sans crainte de se tromper, que tout bon pêcheur est bon observateur, et qu'il porte en lui l'étoffe d'un physiologiste.

CHAPITRE III

LES ENGINS DE PÊCHE — LA LIGNE -- CONSEILS

M. Kretz, l'un des meilleurs et des plus habiles pêcheurs de notre temps, a déterminé comme suit la nomenclature de tout ce qui doit composer l'arsenal des pêcheurs à la ligne.

« Le pêcheur à la ligne, dit-il, doit être approvisionné de cannes à pêche nécessaires pour la pêche de fond, celle de la carpe et du brochet, et pour la pêche à la mouche. Il doit avoir des lignes en crin, en soie, en crin et soie, en boyaux de vers à soie, de différentes grosseurs et longueurs; des flottes et des bouchons de diverses dimensions en raison de la profondeur des eaux de pêche; des hameçons de différents numéros, simples et doubles, empilés sur crin, soie, boyaux de vers à soie et corde de guitare; il faut aussi qu'il ait dans sa trousse un assortiment d'émerillons.

« Le pêcheur doit encore se munir de moulinets propres à contenir ses lignes, qui doivent porter de trente à cinquante mètres pour la pêche de la carpe, du brochet, de la truite et du saumon. Il faut qu'il ait une sonde garnie de liège pour prendre la profondeur de l'eau; une aiguille à amorcer; un anneau en cuivre pour décrocher sa ligne quand elle se trouve prise dans les herbes; une épuisette pour saisir le poisson qui a mordu, et un filet pour le conserver vivant tout le temps que le pêcheur est au bord de l'eau. Un panier enfin, qui se porte sur le dos au moyen d'une courroie en cuir, doit compléter son équipage. Le pêcheur ne doit pas surtout oublier de se munir d'hameçons, de lignes et ustensiles de rechange, afin de parer aux accidents qui pourraient arriver. »

Les amateurs de pêche auront tout avantage à faire de cette théorie du pêcheur leur *vade mecum;* ils éviteront ainsi les oublis et ne se trouveront jamais pris au dépourvu.

Maintenant que le lecteur connaît le nom des engins nécessaires au pêcheur à la ligne, nous allons essayer de lui rendre ces objets plus familiers en faisant de chacun d'eux une description sommaire.

Nous commencerons par la *canne,* pièce essentielle, au choix de laquelle on ne saurait apporter trop de soins.

Il existe quatre principales sortes de cannes :

1° Celle dont on se sert pour la pêche du goujon, de l'ablette et autres petits poissons; elle doit être légère et mesurer de trois mètres à trois mètres vingt-cinq centimètres de longueur. Elle est généralement en roseau de France.

2° Celle qu'on emploie pour les poissons de moyenne grosseur; elle mesure deux mètres de plus que la précédente; le bambou d'Amérique en fournit les matériaux.

3° La canne affectée à la pêche des gros poissons, tels que carpe et brochet, et qui doit être solide et plus rigide. On la fait en bambou, en bois d'hickory (ou noyer blanc d'Amérique), ou même en frêne, à condition qu'il soit très sec et de droit fil.

4° Enfin la canne spécialement destinée à pêcher la truite avec la mouche artificielle ou les insectes. Elle doit être très légère et très flexible, quoique suffisamment solide pour supporter le poids d'une belle truite. Ces qualités sont indispensables; car il faut que l'hameçon sautille continuellement à la surface de l'eau, et ce résultat ne peut être obtenu qu'à l'aide d'une canne très souple, faite généralement en bambou ou en noyer des Indes.

La canne pour la pêche des petits poissons se compose de trois pièces : les deux plus grosses sont creuses, et la troisième pièce, qui est le *scion,* se compose d'une mince baleine fixée sur une baguette de troène. La baleine est garnie à l'extrémité libre d'un anneau en fil poissé qui sert à fixer la ligne. Pour monter la canne, on visse les trois pièces bout à bout, et on la démonte en faisant entrer l'une dans l'autre les trois pièces qui la composent; au moyen d'une pomme que l'on fixe à l'une des extrémités et d'un bout ferré que l'on ajoute à l'extrémité opposée, on transforme la canne à pêche en une canne de promenade facile à porter.

Pour les poissons de moyenne grosseur on se sert d'une

La pêche à la ligne.

canne du même genre que la précédente, formée de quatre pièces.

Celle qu'on emploie pour les gros poissons est pleine et formée de quatre ou cinq bouts ayant chacun un mètre trente centimètres de long; ces bouts se vissent les uns sur les autres, mais ne se transforment jamais en canne de promenade à cause de la nature pleine du bois.

La quatrième espèce de canne doit être composée, d'après M. Lambert de Saint-Ange, de la façon suivante :

	Diam. du haut.	Diam. du bas.
1° Une pièce en frêne ou hickory.	30 millim.	16 millim.
2° — —	15 —	11 —
3° — —	10 —	7 —
4° Pièce en bambou refendue sans enture.	6 —	1 —

Les pièces creuses doivent être garnies de viroles à leurs extrémités. Ces cannes sont ordinairement pourvues de moulinets et de petits anneaux de cuivre ou de fer, placés de distance en distance pour maintenir la ligne le long de la canne.

Le *moulinet* est un petit appareil que l'on fixe à la base de la canne, à portée de la main. C'est une sorte de dévidoir muni d'une petite manivelle, sur lequel on enroule une certaine quantité de ligne. Lorsqu'un gros poisson a mordu et qu'il tire avec force, on laisse tourner le moulinet pour donner une plus grande longueur de ligne et éviter qu'elle soit rompue; puis on repelotonne sur le moulinet au fur et à mesure que la résistance du poisson diminue.

La *ligne* est un fil plus ou moins fin que l'on fixe à l'extrémité de la canne au moyen de l'anneau de fil poissé qui termine le scion. Elle est composée de crins blancs, de soie, de fil de pitte (ou feuille d'agave), de racines, ou de boyaux de vers à soie. C'est à cette ligne que l'on attachera l'hameçon.

La résistance et la longueur de la ligne varient suivant la force et la nature du poisson qu'on veut prendre.

Pour la pêche ordinaire, les deux pièces voisines de l'hameçon sont de deux crins; les deux pièces immédiatement au-dessus sont de trois crins; les trois suivantes de quatre crins, en augmentant ainsi jusqu'à douze.

Les lignes très longues sont réunies entre elles par de petits crochets qu'on appelle *émerillons*.

Les lignes destinées à la pêche du petit poisson sont généralement en crin. Pour les poissons moyens, elles se font en soie, en racine ou en boyaux de vers à soie. Pour les gros poissons, on tord ensemble du crin et de la soie. Enfin, pour le brochet, dont la bouche est armée de dents acérées, on se sert de cordes de guitare, sur le métal desquelles le poisson n'a pas d'action.

Une ligne doit être fine à l'extrémité qui tient les hameçons, et plus forte à son point d'attache.

L'*hameçon* est un crochet d'acier recourbé dont la pointe présente un dard; la direction de ce dard est opposée à celle de la pointe, afin que lorsque celle-ci a percé le palais du poisson, le dard s'oppose au recul de l'hameçon.

Les hameçons sont pour la pêche ce que le plomb est pour la chasse. Leur grosseur doit être proportionnée à celle du poisson que l'on a en vue. Cette grosseur est indiquée en numéros qui vont de un à douze; il y a en plus cinq tailles qui portent les numéros zéro, double zéro, triple zéro, quadruple zéro et quintuple zéro.

Empiler un hameçon, c'est l'attacher au bout de la ligne au moyen d'une *empile* (l'empile est un morceau de crin ou de soie de peu de longueur).

On empile de la façon suivante :

On pose le long de la branche aplatie de l'hameçon l'extrémité de l'empile pliée en deux et formant ainsi une boucle; puis avec le bout on fait, en commençant par le haut, plusieurs tours serrés l'un contre l'autre, jusqu'à ce qu'on arrive près de la boucle; on engage alors dans cette boucle ce qui reste de fil, et, saisissant l'autre extrémité de l'empile, on tire dessus jusqu'à ce que la boucle et le petit bout de fil soient engagés sous les circonvolutions que l'on a faites précédemment.

Les fumeurs de pipe nous comprendront plus clairement encore si nous leur disons qu'on fixe l'hameçon exactement de la même façon qu'on garnit de fil le tuyau d'une pipe.

Pour le brochet, on se sert d'un hameçon double, qu'on empile, comme nous l'avons déjà dit, sur une corde filée de guitare.

Le *plomb* est le lest que l'on met aux lignes pour les empêcher de flotter. On se sert, à cet effet, de plomb de chasse (nos 1 à 5), que l'on fend légèrement par le milieu au moyen d'un canif. Ce plomb doit être fixé sur la ligne à huit centimètres au-dessous du nœud qui attache l'empile à la ligne; et, pour donner plus de fixité à la flotte, on peut en ajouter deux ou trois autres le long de la ligne. Pour fixer ces plombs, on se contente de passer la ligne dans l'encoche et de resserrer le plomb, soit avec une pince, soit avec les dents, soit entre deux pierres.

La *flotte* a pour objet de soutenir la ligne sur la surface de l'eau et de conserver l'hameçon à la distance nécessaire du fond. Elle sert en outre à renseigner le pêcheur sur les mouvements du poisson; car celui-ci, en mordant à l'appât, imprime à la flotte une violente secousse qui la fait plonger et avertit le pêcheur que le moment est venu de ferrer.

Il existe un grand nombre d'espèces de flottes. Il y en a en plume, en liège, en roseau, en ivoire, en bambou, etc. Généralement elles sont minces aux extrémités et renflées vers le centre.

La flotte la plus commune se compose d'un morceau de liège taillé en forme de poire, et traversé dans son plus grand axe par une plume, le long de laquelle on fait passer la ligne. Chaque genre de pêche entraînant un genre spécial de flotte, nous décrirons au fur et à mesure la flotte qui devra être employée.

Le *plioir* est un morceau de bois plat et long avec une échancrure à chaque extrémité. Il sert à rouler la ligne lorsqu'on a fini de s'en servir.

Il est prudent d'attendre que la ligne soit bien sèche avant de la plier, car l'humidité pourrait la détériorer.

L'*épuisette* est un filet en forme de poche monté sur un cercle de fil de fer et fixé à un manche de bois. Elle ressemble à un filet à papillons, avec cette différence qu'elle est faite de matériaux plus solides.

L'épuisette sert à retirer de l'eau les poissons qui par leur poids ou leur force pourraient casser la ligne.

Nous ferons remarquer qu'en raison des efforts que le poisson fait pour s'échapper, il pèse dans son élément quatre fois plus que sa pesanteur réelle, et que ses efforts redoublent de violence lorsqu'on veut le tirer de l'eau.

L'*anneau à décrocher* est utile pour dégager l'hameçon lorsque celui-ci se trouve pris dans les herbes. On fait passer la canne dans l'anneau, et on laisse celui-ci filer tout le long de la ligne, puis on tire doucement à soi. Il va sans dire que l'on doit au préalable attacher l'anneau par une ficelle, sans quoi il serait inévitablement perdu.

La *sonde*. — Le premier soin du pêcheur, après avoir choisi sa place, est de s'assurer de la profondeur de l'eau, afin de pouvoir régler la distance qui doit exister entre la flotte et l'hameçon. Il y parvient au moyen de la sonde. C'est un cône de plomb muni d'un anneau auquel on attache une ficelle garnie de nœuds de décimètre en décimètre.

Le *dégorgeoir* est une sorte de petite fourche en cuivre à pointes émoussées. Il sert à dégager l'hameçon lorsque celui-ci, ayant été avalé, est entré dans la gorge du poisson; on fait alors descendre le dégorgeoir le long de la ligne jusqu'à l'hameçon, qu'on repousse en arrière et qui se dégage.

Les pêcheurs se muniront en outre d'un panier ou d'un filet pour loger leurs captures ; d'une boîte en fer-blanc pour enfermer les vers de terre, et d'un sac de toile contenant les asticots ou vers de viande.

Le costume du pêcheur sera simple et commode. Une chemise de flanelle, une longue blouse serrée à la taille, un chapeau de paille à larges bords, un pantalon de flanelle et des chaussures à fortes semelles en feront tous les frais.

On évitera de s'asseoir sur la terre, alors même qu'elle paraîtrait sèche, et on emportera avec soi un morceau de tapis ou un pliant. Il faut également se garantir du froid aux pieds, auquel les pêcheurs sont fréquemment exposés. Pour cela on fera bien de graisser ses chaussures avec une composition de suif, de résine et de cire jaune, ou tout simplement avec du dégras.

Il vaut mieux être seul qu'en compagnie, car le bruit des voix effraye le poisson.

Si deux personnes pêchent près l'une de l'autre, il doit y avoir au moins entre elles la longueur de la canne à pêcher, plus celle de la ligne.

Enfin on marchera d'un pas léger, et on fera ses préparatifs sans bruit, en évitant de se placer de telle sorte que le soleil projette l'ombre du pêcheur sur la surface des eaux.

En observant ces principes, on augmentera beaucoup les chances de succès.

Nous recommandons au pêcheur de mettre immédiatement à mort le poisson qu'il prend, en lui serrant les ouïes jusqu'à asphyxie. Il évitera ainsi que le poisson ne s'abîme en se débattant. Il déposera ensuite ses prises dans son panier, qu'il aura préalablement garni d'herbe fraîche ou de feuilles d'orties. En agissant ainsi, il conservera au poisson toute la fraîcheur de sa robe et toute la saveur de sa chair.

Beaucoup de pêcheurs, — nous parlons des plus huppés, — ont pris l'habitude de se faire accompagner par un porte-épuisette, tout comme un chasseur se fait accompagner d'un porte-carnier. A ce sujet, nous ne pouvons mieux faire que de citer une anecdote que raconte M. Léon Reymond dans sa *Pêche pratique en eau douce*. La voici dans toute sa saveur :

« Sachez, dit-il tout d'abord, que la truite est le plus méfiant de tous les poissons, et que l'ombre de l'hirondelle qui chasse le moucheron à la surface des eaux suffit pour la faire disparaître. Pour envoyer la mouche à ce poisson prudent et craintif, il vous faudra des ruses de Peau-Rouge suivant une piste sur le sentier de la guerre. Or votre porte-épuisette parlera, chantera, remuera bras et jambes ; sa silhouette doublera la vôtre et diminuera vos chances de moitié.

« Nous pêchions un jour à la mouche dans le Rhône, au-dessous de Genève, presque au confluent de l'Arve. Nous avions loué les services d'un jeune Helvétien, qui portait fièrement notre épuisette. Il avait été convenu entre nous que, chaque fois que ses services deviendraient nécessaires, un coup de sifflet l'appellerait à nos côtés. La journée n'avait pas été bonne ; c'est à peine si, depuis le matin, quelques petites truites reposaient délicatement dans le panier sur un lit d'herbes fraîches. Le soleil déclinait rapidement à l'horizon, et nous étions sur le point de quitter la partie, lorsque notre mouche, lancée dans un remous de peu d'importance, est engloutie tout à coup dans une gueule formidable. Le moulinet part avec violence ; la ligne se dévide tout entière, et, malgré trente mètres de soie à l'eau, notre canne fouette l'air à coups redoublés. Nous perdons un peu la tête, et nous sifflons désespérément notre porte-épuisette, qui brille par son absence. Le poisson captif est une truite de toute beauté, qui pèse bien une dizaine de livres. Nous sifflons à rendre des points à une locomotive. Pas de Suisse ! Où est donc cet animal ?

« La lutte est ardente, acharnée, pleine d'émotions. Enfin la défense mollit ; avec d'infinies précautions, nous replions notre moulinet et nous amenons sur le sable la plus admirable truite qui se puisse voir. Au même instant un pas précipité se fait entendre; une voix haletante crie: « Je le tiens! « je le tiens! » Et notre porte-épuisette, qui vient de prendre un papillon dans son filet, dégringole, dans sa joie, du haut de la berge, précédé d'une avalanche de mottes de terre. Ce vacarme rend à la truite un reste d'énergie; d'un coup de queue, prenant le sable comme point d'appui, elle brise notre bas de ligne, et, après deux ou trois bonds, elle s'enfonce à tout jamais dans les eaux bleues du Rhône.

« Le fils de Guillaume Tell, en manière d'honoraires, reçut ce jour-là une tripotée de première classe. »

Cette anecdote pourra servir d'avis à ceux de nos lecteurs qui seraient tentés de se faire suivre à la pêche par leur domestique.

CHAPITRE IV

L'APPAT

Quoique les poissons fassent tous preuve d'une grande voracité, le même appât ne convient pas également à toutes les espèces. Cependant le ver de terre et le ver de viande, ou asticot, forment en général les meilleurs appâts. Les vers de fumier, les vers à queue des égouts, les vers de vase, les larves d'insectes, les chenilles, les grosses mouches, les sauterelles, les limaçons, le fromage de Gruyère, peuvent aussi être utilisés.

Il est facile de se procurer ces diverses amorces chez les marchands d'ustentiles de pêche; mais les personnes qui habitent la campagne trouveront à s'en pourvoir abondamment dans les terrains frais et humides. Pour obtenir sans peine une grande quantité de vers de terre, on enfonce un piquet et on le tourne de manière à comprimer la terre tout autour, et à obliger les vers à en sortir. On peut aussi répandre une décoction de feuilles de noyer ou de l'eau salée dans les endroits où les vers révèlent leur présence par une grande quantité de petits trous. On les voit bientôt sortir en foule de terre.

Les vers de viande exhalent une odeur insupportable et nauséabonde. M. Lambert Saint-Ange indique le moyen suivant d'éviter cet inconvénient.

« On sèche bien, dit-il, une quantité d'ablettes et autres petits poissons; on les met dans un vase de terre vernissée, que l'on expose, non bouché, dans un jardin, une cour, un grenier, sur une fenêtre, afin que la mouche vienne y déposer sa larve. Au bout de quelque temps les vers sont formés; on ajoute alors une poignée ou deux de son, et on continue à y placer de nouveaux poissons frais pour nourrir le ver, qui devient énorme, très blanc, et n'a presque pas d'odeur.

« On extrait du pot la quantité de vers nécessaire au besoin journalier; on les met dans un vase plat, que l'on saupoudre de son et que l'on penche un peu ; le ver se sèche, roule du côté de la pente et reste pur, dégagé de tout ce qu'il y a d'impropre, et n'a plus aucune odeur. »

Quels que soient les vers que l'on emploie, il est utile de les faire dégorger. A cet effet, on les place dans un vase rempli de mousse humide, où on les laisse quelques jours. Ils deviennent alors plus fermes, et plus faciles à enferrer sur l'hameçon.

Tous les appâts ne se placent pas de la même façon sur l'hameçon.

Le ver de terre se pique à un demi-centimètre environ de la tête, et on couvre l'hameçon en laissant dépasser librement les deux extrémités du ver, qui par leurs mouvements dans l'eau attireront le poisson.

On amorce avec deux asticots sur le même hameçon. On fait monter le premier le long de l'hameçon de manière qu'il couvre sa partie supérieure ; on enfile le second à la suite du premier de façon qu'ils se joignent et que la pointe de l'hameçon perce l'extrémité de l'asticot ; *on fait ensuite rentrer la pointe de l'hameçon dans le corps de l'asticot.* Cette dernière précaution est absolument nécessaire, car la peau de l'asticot est assez dure, et l'hameçon pourrait ne pas piquer le poisson si on ne trouait au préalable la peau du ver.

Les insectes se piquent en travers.

Tâchez que votre appât soit vivant si vous voulez faire bonne pêche, car le poisson s'attaque aux proies vives de préférence aux chairs mortes.

On peut aussi amorcer avec du pain de creton.

Les petits poissons forment un excellent appât pour le brochet et la truite. On placera la plus longue branche de l'hameçon près de la bouche, et elle ressortira près de l'ouïe. La grenouille est une bonne amorce pour le brochet.

Le fromage de Gruyère, taillé en petits morceaux et trempé dans du lait, est un excellent appât pour l'été.

Le blé, le chènevis et les fèves, lorsqu'on a pris la précaution de les faire cuire, constituent un bon appât avec lequel on peut prendre des carpes, des brêmes et des tanches.

La cerise et la groseille à maquereau, le raisin même, donnent de bons résultats.

Voici une recette pour faire une pâte qui s'emploie avec succès :

Prenez un morceau de pain cuit de la veille, trempez-le dans l'eau, puis pétrissez-le jusqu'à ce qu'il devienne dur et gluant, c'est-à-dire pendant un quart d'heure environ. On peut aussi y ajouter un peu de miel. La carpe, la tanche, le chevesne et le gardon, s'en montreront friands, à condition que vous ayez pris soin de faire votre pâte au moment de vous en servir, afin d'éviter qu'elle s'aigrisse.

M. Kretz préconise la formule suivante:

« Prenez du vieux fromage de Gruyère, le plus pourri et le plus gras que vous puissiez trouver, pétrissez-le bien; ajoutez-y de la mie de pain tendre et pétrissez-le tout ensemble, jusqu'à ce que la pâte ait assez de consistance pour amorcer l'hameçon. »

Avec ces diverses pâtes, il convient d'amorcer la place où l'on a l'intention de pêcher. On en forme des boules de la grosseur d'un œuf de poule, que l'on jette environ six heures avant le moment de pêcher. Les poissons accourront de toutes parts pour prendre part au festin, et, lorsque la ligne apportera un surcroît de provisions, les malheureux se jetteront sur les hameçons pour la plus grande joie du pêcheur.

On peut aussi amorcer avec du son mêlé à de la terre.

La glaise pétrie avec des asticots donne de bons résultats, mais c'est là une amorce dont il ne faut user qu'au moment même de pêcher, en ayant soin de jeter les boulettes un peu en amont de la place choisie.

On se sert également de boules de pommes de terre bouillies et mêlées avec de la farine d'orge et de la mélasse.

Les appâts artificiels sont mis en usage et souventes fois

employés. Ce sont des mouches et des insectes que l'on peut facilement fabriquer soi-même. Du reste, tous les marchands d'ustentiles de pêche en ont en magasin ; il en est de même des poissons de métal, des cuillers, et autres objets qui peuvent être utilisés pour le gros poisson.

CHAPITRE V

VOCABULAIRE DU PÊCHEUR — LES TOUCHES — LES SAISONS

Les pêcheurs ont un langage spécial, servant à exprimer, par des mots à eux, les différentes phases et les ustensiles principaux de leur art. Comme il nous arrivera souvent, pour nos explications, d'avoir recours à cette langue, nous donnons tout d'abord un aperçu sommaire des termes les plus usités avec leur signification en langage ordinaire.

Accon, sorte de bateau, plat et léger, dont l'arrière est carré et qui sert pour pêcher dans les marécages.

Alevin, petite carpe de trois ans.

Aleviniers, étangs destinés à l'élevage de l'alevin.

Arondelle, pièce de corde garnie de lignes qui porte des hains.

Aumées, sorte de filet à larges mailles.

Bannière, partie de la ligne comprise entre la flotte et la canne.

Bat. Le bat du poisson est la partie qui se trouve à l'angle de la fourchette de la queue. On mesure un poisson *entre œil et bat.*

Bichette, filet monté sur deux perches courbes.

Blanchaille, petits poissons blancs tels que ablettes, vandoises, meuniers, etc.

Bonde. La bonde d'un étang est une sorte de robinet placé au milieu de la chaussée et à l'endroit le plus bas; elle a pour but de retenir l'eau, quand elle est fermée.

Boutique. On appelle *boutique à poisson* une sorte de bateau plat, au milieu duquel on a ménagé une sorte de coffre percé de petits trous par lesquels l'eau pénètre librement dans le coffre, qui sert lui-même à transporter et à conserver vivant le produit de la pêche.

Coiffe, filet très évasé que l'on place à l'entrée d'un filet en manche pour engager le poisson à y entrer.

Déchargeoir, endroit par où s'échappe le trop-plein d'un étang.

Dégorger, conserver les vers dans la mousse pour les raffermir.

Esche, nom générique de l'amorce ou appât.

Ferrer, relever vivement l'hameçon au moment où le poisson mord.

Feuille, nom que l'on donne à la carpe de moins de trois ans.

Frai, nom des œufs du poisson.

Gline, sorte de panier fermé, où le pêcheur enferme son poisson.

Goulet, filet en forme d'entonnoir.

Hains, hameçons.

Haï, endroit où l'eau tourbillonne.

Meunier, nom donné au chevesne, à cause de la couleur blanche de sa chair, et aussi parce qu'il se tient généralement dans le voisinage des moulins.

Moulées, rassemblement de jeunes poissons.

Pariau, grosse pierre servant à fixer certains filets.

Pantène, filet à anguilles.

Panier de bonde, nasse ou filet que les meuniers placent au déversoir.

Perchettes ou *balances*, filet monté sur un cercle de fer et muni d'un manche auquel il est relié par trois cordes; il sert pour la pêche aux écrevisses.

Poêle, trou que l'on pratique près de la bonde pour servir de retraite aux poissons lorsqu'on vide un étang.

Soutenir une ligne, c'est la conserver légèrement tendue de façon à rendre plus soudaine et plus efficace l'action de piquer ou ferrer.

Tiercelet (voyez *Alevin*).

Traînée, sorte de pêche à la ligne de fond.

Presque tous les pêcheurs novices manquent leur poisson par suite de la façon défectueuse dont ils ferrent. Il ne suffit pas de piquer au premier mouvement de la flotte; il faut aussi tenir compte du genre de poisson auquel on a affaire et de ses habitudes. Or les habitudes sont très différentes dans les diverses espèces; certains poissons, carnassiers et voraces, attaquent brusquement et se jettent sur la proie en imprimant une violente secousse à la ligne; d'autres, au contraire, plus timides ou moins affamés, hésitent longuement, jouent avec la proie, et la touchent souvent avant de se décider à la happer. On comprend aisément que les mouvements de la flotte révèleront vite, au pêcheur expérimenté, la nature du poisson avec lequel il est aux prises. C'est précisément une sorte de tableau indiquant le moment et la manière de ferrer suivant les circonstances, que nous mettons sous les yeux de nos lecteurs, afin de les familiariser avec les précautions qu'il faut prendre pour réussir à la pêche.

L'*ablette* attaque vivement; poisson vorace, qu'il faut ferrer à la première secousse.

L'*anguille* se montre hésitante, tâtonne, tire mollement et dévore ensuite avec avidité ; ne pas trop se presser, si on soupçonne sa présence.

Le *barbeau* attaque avec vigueur ; on sent deux secousses quand il mord. Ferrer aussitôt.

La *brême* tire mollement et avec hésitation; comme elle remonte le courant, la ligne se détendra ; il faut ferrer au moment où la ligne aura une tendance à remonter.

Le *brochet* est si avide et si fort, que si l'on n'avait pas soin de lui rendre la main et de dévider la ligne lorsqu'il attaque, il casserait tout. Cependant il se fatigue vite, précisément à cause de l'ardeur qu'il met à avaler, et qui est cause que l'hameçon en pénétrant dans l'œsophage lui perfore l'intestin. Ne pas se presser et l'amener à terre progressivement.

La *carpe* est timide et attaque mollement; la tension de la ligne augmente progressivement. Trop de hâte nuit.

Le *chevesne* mord mollement en été et plus avidement au printemps. Ferrer vivement.

Le *gardon* doit être piqué au moindre mouvement de la flotte, car il mord très légèrement.

Le *goujon* est vorace et n'abandonne pas sa proie ; attendre pour ferrer que la flotte disparaisse franchement.

La *perche* est brusque et fait de violents efforts qui cependant durent peu. Ferrer vivement.

La *tanche* procède comme la carpe. Lorsqu'elle mord à l'appât, elle le fait entrer doucement dans sa bouche ; la flotte semble se promener à la surface de l'eau.

« Prenez patience, dit M. Kretz, ne craignez rien, elle ne quittera pas l'appât; mais aussitôt qu'elle fera filer votre flotte, piquez vivement, et vous serez sûr de n'en jamais manquer une. »

La *truite* attaque brusquement, puis après quelques secondes elle donne deux ou trois secousses précipitées. Ferrer alors vivement.

La *vandoise* est brutale et se jette sur l'appât. Ferrer vivement et amener à terre avec précaution.

Le *véron* est un poisson avide et vorace qu'il faut piquer à la première secousse.

La carpe se pêche de mars en septembre;
La tanche, de mai en septembre;
Le barbeau, de juin en septembre;
La brême, d'avril en août;
Le chevesne, de juin en décembre;
Le gardon, d'avril en novembre;
La vandoise, id.;
Le goujon, d'avril en octobre;
L'ablette, d'avril en septembre;
L'ombre, de mars en août;
La truite, id.;
Le saumon, id.;
L'éperlan, d'avril en septembre;
La perche, de juin en décembre;
L'anguille, de mai en août.

CHAPITRE VI

DES DANGERS DE LA PÊCHE AU POINT DE VUE DES GARDES ET DES GENDARMES — LOIS ET ORDONNANCES SUR LA PÊCHE

Qui terre a, guerre a, dit un vieux proverbe qu'on pourrait retourner ainsi : *Qui pêchera, procès aura.*

M. P.-F. Laffon, dans le *Monde des pêcheurs,* avoue qu'il est très difficile d'éviter les démêlés avec dame justice. « En effet, dit-il, les gardes-pêche et les gendarmes ne connaissant pas plus la loi que les pêcheurs et riverains, il s'ensuit que chacun veut l'expliquer à sa façon et l'appliquer selon sa manière de voir ; d'où ceci, toléré dans la Marne, est pourchassé dans la Seine, tandis que cela, encouragé dans la Loire, est réprimé dans le Rhône. »

Ne voulant pas entrer dans le détail des diverses interprétations auxquelles les lois sur la pêche ont donné lieu, nous nous contentons de mettre sous les yeux de nos lecteurs les ordonnances concernant les pêcheurs, en leur conseillant de s'attacher au texte même et de ne pas chercher à l'éluder ou à le commenter s'ils ne veulent pas s'exposer à des ennuis et à des amendes, et peut-être à quelques jours de prison.

LOIS ET ORDONNANCES SUR LA PÊCHE

PÊCHE A LA LIGNE ET AUX FILETS DANS LES RIVIÈRES ET LES ÉTANGS

TITRE Ier. — Du droit de pêche.

Art. 1er. — Le droit de pêche sera exercé au profit de l'État :

1° Dans tous les fleuves, rivières, canaux et contre-fossés navigables ou flottables, avec bateaux, trains ou radeaux, et dont l'entretien est à la charge de l'État ou de ses ayants cause;

2° Dans les bras, noues, buires et fossés qui tirent leurs eaux des fleuves et rivières navigables et flottables, dans lesquelles on peut en tout temps passer ou pénétrer librement en bateau de pêcheur, et dont l'entretien est également à la charge de l'État.

Sont toutefois exceptés les canaux ou fossés existant ou qui seraient creusés dans des propriétés particulières, et entretenus aux frais des propriétaires.

Art. 2. — Dans toutes les rivières et canaux autres que ceux qui sont désignés dans l'article précédent, les propriétaires riverains auront, chacun de son côté, le droit de pêche jusqu'au milieu du cours d'eau, sans préjudice des droits contraires établis par possessions ou titres.

Art. 5. — Tout individu qui se livrera à la pêche sur les fleuves et rivières navigables ou flottables, canaux, ruisseaux ou cours d'eau quelconques, sans la permission de celui à qui le droit de pêche appartient, sera condamné à une amende de vingt francs au plus, indépendamment des dommages-intérêts.

Il y aura lieu, en outre, à la restitution du prix du poisson qui aura été pêché en délit, et la confiscation des filets et engins de pêche pourra être prononcée.

Néanmoins il est permis à tout individu de pêcher à la ligne flottante tenue à la main, dans les fleuves, rivières et canaux désignés dans les deux paragraphes de l'art. 1er de la présente loi, le temps du frai excepté.

TITRE IV. — Conservation et police de la pêche.

Art. 23. — Nul ne pourra exercer le droit de pêche dans les fleuves et rivières navigables ou flottables, les canaux, ruisseaux ou cours d'eau quelconques, qu'en se conformant aux dispositions suivantes : .

Art. 24. — Il est interdit de placer dans les rivières navigables ou flottables, canaux et ruisseaux, aucun barrage, appareil ou établissement quelconque de pêcherie ayant pour objet d'empêcher entièrement le passage du poisson.

Les délinquants seront condamnés à une amende de cinquante francs, et en outre aux dommages-intérêts; et les appareils ou établissements de pêche seront saisis et détruits.

ART. 25. — Quiconque aura jeté dans les eaux des drogues ou appâts qui sont de nature à enivrer le poisson ou à le détruire, sera puni d'une amende de trente francs à trois cents francs, et d'un emprisonnement d'un mois à trois mois.

ART. 27. — Quiconque se livrera à la pêche pendant les temps, saisons et heures prohibés par les ordonnances, sera puni d'une amende de trente à trente-deux francs.

ART. 28. — Une amende de trente à cent francs sera prononcée contre ceux qui feront usage, en quelque temps et en quelque fleuve, rivière, canal ou ruisseau que ce soit, de l'un des procédés ou modes de pêche ou de l'un des instruments ou engins de pêche prohibés par les ordonnances.

Si le délit a eu lieu pendant le temps du frai, l'amende sera de soixante à deux cents francs.

ART. 29. — Les mêmes peines seront prononcées contre ceux qui se serviront, pour une autre pêche, de filets permis seulement pour celle du poisson de petite espèce.

Ceux qui seront trouvés porteurs ou munis, hors de leur domicile, d'engins ou instruments de pêche prohibés, pourront être condamnés à une amende qui n'excédera pas vingt francs, et à la confiscation des engins ou instruments de pêche, à moins que ces engins ou instruments ne soient destinés à la pêche dans des étangs ou réservoirs.

ART. 30. — Quiconque pêchera, colportera ou débitera des poissons qui n'auront point les dimensions déterminées par les ordonnances, sera puni d'une amende de vingt à cinquante francs, et à la confiscation desdits poissons. Sont cependant exceptées de cette disposition les ventes de poissons venant des étangs ou réservoirs. Sont considérés comme étangs ou réservoirs les fossés ou canaux appartenant à des particuliers, dès que leurs eaux cessent naturellement de communiquer avec les rivières.

ART. 31. — La même peine sera prononcée contre les

pêcheurs qui appâteront leurs hameçons, nasses, filets ou autres engins, avec des poissons des espèces prohibées qui seront désignées par les ordonnances.

Art. 32. — Les fermiers de la pêche et porteurs de licences, leurs associés, compagnons et gens à gages, ne pourront faire usage d'aucun filet ou engin quelconque, qu'après qu'il aura été plombé ou marqué par les agents de l'administration de la police de la pêche.

La même obligation s'étendra à tous autres pêcheurs compris dans les limites de l'inscription maritime, pour les engins et filets dont ils feront usage dans les cours d'eau désignés par le paragraphe 1er et 2e de l'article 1er de la présente loi.

Les délinquants seront punis d'une amende de vingt francs pour chaque filet ou engin non plombé ou marqué.

Le titre V traite des poursuites exercées au nom de l'administration, et enjoint aux agents spéciaux de même qu'aux gardes champêtres, éclusiers et autres officiers de police judiciaire, de constater par procès-verbaux les délits de pêche et les autorise à saisir les filets et autres instruments de pêche prohibés, mais leur interdit de s'introduire dans les maisons et enclos y attenants pour la recherche de ces filets.

L'article 41 prononce une amende de cinquante francs contre le délinquant qui refusera de remettre immédiatement le filet prohibé.

L'article 42 prononce que le poisson saisi pour cause de délit sera vendu au profit du domaine.

Art. 62. — Les actions en réparation de délits en matière de pêche se prescrivent par un mois, à compter du jour où les délits ont été constatés, lorsque les prévenus sont désignés dans les procès-verbaux. Dans le cas contraire, le délai de prescription est de trois mois, à compter du même jour.

Art. 65. — Les délits qui portent préjudice aux fermiers de la pêche, aux porteurs de licences et aux propriétaires riverains, seront constatés par leurs gardes, lesquels seront assimilés aux gardes-bois des particuliers.

Art. 66. — Les procès-verbaux dressés par ces gardes feront foi jusqu'à preuve contraire.

TITRE VI. — Des peines et condamnations.

Art. 69. — Dans le cas de récidive, la peine sera toujours doublée.

Il y a récidive lorsque, dans les douze mois précédents, il a été rendu contre le délinquant un premier jugement pour délit en matière de pêche.

Art. 70. — Les peines seront également doublées, lorsque les délits auront été commis la nuit.

Art. 71. — Dans tous les cas où il y aura lieu à adjuger des dommages-intérêts, ils ne pourront être inférieurs à l'amende simple prononcée par le jugement.

Art. 72. — Dans tous les cas prévus par la présente loi, si le préjudice causé n'excède pas vingt-cinq francs et si les circonstances paraissent atténuantes, les tribunaux sont autorisés à réduire l'emprisonnement même au-dessous de six jours, et l'amende même au-dessous de seize francs. Ils pourront aussi prononcer séparément l'une ou l'autre de ces peines, sans qu'en aucun cas elle puisse être au-dessous des peines de simple police.

Art. 74. — Les maris, pères, mères, tuteurs, fermiers et porteurs de licences, ainsi que tous propriétaires, maîtres et commettants, seront civilement responsables des délits en matière de pêche, commis par leurs femmes, enfants, mineurs, pupilles, bateliers et compagnons et tous autres subordonnés, sauf tout recours de droit.

Cette responsabilité sera réglée conformément à l'art. 1384 du code Napoléon.

Art. 77. — Les jugements portant condamnation à des amendes, restitutions, dommages-intérêts et frais, sont exécutoires par la voie de contrainte par corps, et l'exécution pourra en être poursuivie cinq jours après un simple commandement fait aux condamnés.

Art. 80. — Dans tous les cas, la détention employée comme moyen de contrainte est indépendante de la peine d'emprisonnement prononcée contre les condamnés pour tous les cas où la loi l'inflige.

ORDONNANCE DU 15 NOVEMBRE 1830

Art. 1er. — Sont prohibés, sous les peines portées par l'article 28 de la loi du 15 avril 1829 :

1o Les filets traînants ;

2o Les filets dont les mailles carrées sont accrues, et non tendues ni tirées en losange, auraient moins de trente millimètres (quatorze lignes) de chaque côté, après que le filet aura séjourné dans l'eau ;

3o Les bires, nasses ou autres engins dont les verges en osier seraient écartées entre elles de moins de trente millimètres.

Art. 2. — Sont néanmoins autorisés pour la pêche des goujons, ablettes, loches, vérons, vandoises et autres poissons de petite espèce, les filets dont les mailles auront quinze millimètres. Les pêcheurs auront aussi la faculté de se servir de toute espèce de nasses en jonc à jour, quel que soit l'écartement de leurs verges.

Art. 3. — Quiconque se servira, pour une autre pêche que celle qui est indiquée dans l'article précédent, des filets spécialement affectés à cet usage, sera puni des peines portées par l'article 28 de la loi du 15 avril 1829.

Art. 5. — Dans chaque département, le préfet déterminera, sur l'avis du conseil général, et après avoir consulté les agents forestiers, les temps, saisons et heures pendant lesquels la pêche sera interdite dans les rivières et cours d'eau.

Art. 6. — Il fera également un règlement dans lequel il déterminera et divisera les filets et engins qui, d'après les règles ci-dessus, devront être interdits.

Art. 7. — Sur l'avis du conseil général, et après avoir consulté les agents forestiers, il pourra prohiber les procédés et modes de pêche qui lui sembleront de nature à nuire au repeuplement des rivières.

ARTICLE III

DU RÈGLEMENT DU PRÉFET DE LA SEINE

Ne pourront être pêchés et seront rejetés en rivières :

1° Les truites, carpes, barbeaux, ombres, brêmes, brochets, meuniers, ayant moins de cent soixante millimètres (cinq pouces neuf lignes) entre l'œil et la naissance de la nageoire de la queue;

2° Les tanches, perches, gardons, lottes et autres ayant moins de cent trente-cinq millimètres (cinq pouces) également entre l'œil et la naissance de la queue;

3° Et les anguilles ayant moins de soixante-quinze millimètres (deux pouces huit lignes) de tour au milieu du corps.

Dans l'intérieur de la ville de Paris, la pêche est interdite avant l'ouverture et après la fermeture des ports. Cette défense ne concerne pas les bords de la Seine hors barrière.

DÉCRET

PORTANT RÈGLEMENT SUR LA PÊCHE FLUVIALE

(Du 10 août 1875.)

Le président de la République française,
Sur le rapport du ministre des travaux publics;
Vu la loi du 15 avril 1829;
Vu la loi du 31 mai 1865;
Vu le décret du 25 janvier 1868;
Le conseil d'État entendu,

Décrète :

ART. 1er. — Les époques pendant lesquelles la pêche est interdite en vue de protéger la reproduction du poisson sont fixées comme il suit :

1° Du 20 octobre au 31 janvier, est interdite la pêche du saumon, de la truite, de l'ombre-chevalier et du lavaret;

2° Du 15 avril au 15 juin, est interdite la pêche des autres poissons et de l'écrevisse.

Les interdictions prononcées dans les paragraphes précédents s'appliquent à tous les procédés de pêche, même à la ligne flottante tenue à la main.

Art. 2. — Les préfets peuvent, par des arrêtés rendus après avoir pris avis des conseils généraux, soit pour tout le département, soit pour certaines parties du département, soit pour certains cours d'eau déterminés :

1° Interdire exceptionnellement la pêche de toutes les espèces de poissons, pendant l'une ou l'autre période, lorsque cette interdiction est nécessaire pour protéger les espèces prédominantes ;

2° Augmenter pour certains poissons désignés la durée desdites périodes, sous la condition que les périodes ainsi modifiées comprennent la totalité de l'intervalle de temps fixé par l'article 1er ;

3° Excepter de la seconde période la pêche de l'alose, de l'anguille, de la lamproie, ainsi que des autres poissons vivant alternativement dans les eaux douces et dans les eaux salées ;

4° Fixer une période d'interdiction pour la pêche de la grenouille.

Art. 3. — Des publications sont faites dans les communes dix jours au moins avant le début de chaque période d'interdiction de pêche, pour rappeler les dates du commencement et de la fin de ces périodes.

Art. 4. — Quiconque, pendant la période d'interdiction, transporte ou débite des poissons dont la pêche est prohibée, mais qui proviennent des étangs et réservoirs, est tenu de justifier de l'origine de ces poissons.

Art. 5. — Les poissons saisis et vendus aux enchères, conformément à l'article 4 de la loi du 15 avril 1829, ne peuvent pas être exposés de nouveau en vente.

Art. 6. — La pêche n'est permise que depuis le lever jusqu'au coucher du soleil.

Toutefois la pêche de l'anguille, de la lamproie et de l'écrevisse peut être autorisée après le coucher et avant le lever du soleil, dans des cours d'eau désignés et aux heures fixées par des arrêtés préfectoraux rendus après avis des conseils généraux. Ces arrêtés déterminent, pour l'anguille, la lamproie et l'écrevisse, la nature et la dimension des engins dont l'emploi est autorisé.

Art. 7. — Le séjour dans l'eau des engins et filets ayant les dimensions réglementaires et destinés à la pêche de tous les poissons non désignés à l'article précédent est permis à toute heure, sous la condition qu'ils ne peuvent être placés et relevés que depuis le lever jusqu'au coucher du soleil.

Art. 8. — Les dimensions au-dessous desquelles les poissons et écrevisses ne peuvent être pêchés même à la ligne flottante et doivent être immédiatement rejetés à l'eau, sont déterminées comme il suit pour les diverses espèces :

1° Les saumons et anguilles, vingt-cinq centimètres de longueur ;

2° Les truites, ombres-chevaliers, ombres communs, carpes, brochets, barbeaux, brêmes, meuniers, muges, aloses, perches, gardons, tanches, lottes, lamproies et lavarets, quatorze centimètres de longueur ;

3° Les soles, plies et flets, dix centimètres de longueur ;

Les écrevisses à pattes rouges, huit centimètres de longueur; celles à pattes blanches, six centimètres de longueur. La longueur des poissons ci-dessus est mesurée de l'œil à la naissance de la queue; celle de l'écrevisse, de l'œil à l'extrémité de la queue déployée.

Art. 9. — Les mailles des filets, mesurées de chaque côté après leur séjour dans l'eau, et l'espacement des verges des bires, nasses et autres engins employés à la pêche des poissons doivent avoir les dimensions suivantes :

1° Pour les saumons, quarante millimètres au moins ;

2° Pour les grandes espèces, autres que le saumon et l'écrevisse, vingt-sept centimètres au moins ;

Pour les petites espèces, telles que goujons, loches, vérons, ablettes et autres, dix millimètres.

La mesure des mailles et de l'espacement des verges est prise avec une tolérance d'un dixième.

Il est interdit d'employer simultanément, à la pêche, des filets ou engins de catégories différentes.

Art. 10. — Les préfets peuvent, sur l'avis des conseils

généraux, prendre des arrêtés pour réduire les dimensions des mailles des filets et l'espacement des engins employés uniquement à la pêche de l'anguille, de la lamproie et de l'écrevisse. Les filets et engins à mailles ainsi réduites ne peuvent être employés que dans les emplacements déterminés par ces arrêtés.

Les préfets peuvent aussi, sur l'avis des conseils généraux, déterminer les emplacements limités en dehors desquels l'usage des filets à mailles de dix millimètres n'est pas permis.

ART. 11. — Les filets fixes ou mobiles et les engins de toute nature ne peuvent excéder en longueur ni en largeur les deux tiers de la largeur mouillée des cours d'eau dans les emplacements où on les emploie.

Plusieurs filets ou engins ne peuvent être employés simultanément sur la même rive ou sur deux rives opposées, qu'à une distance au moins triple de leur développement.

Lorsqu'un ou plusieurs des engins employés sont en partie fixes et en partie mobiles, les distances entre les parties fixées à demeure sur la même rive ou sur les rives opposées doivent être au moins triples du développement total des parties fixes et mobiles mesurées bout à bout.

ART. 12. — Les filets fixes employés à la pêche doivent être soulevés par le milieu pendant 36 heures de chaque semaine, du samedi à 6 heures du soir au lundi à 6 heures du matin, sur une longueur équivalente au dixième de leur développement, et de manière à laisser entre le fond et la ralingue inférieure un espace libre et cinquante centimètres au moins de hauteur.

ART. 13. — Sont prohibés tous les filets traînants, à l'exception du petit épervier jeté à la main et manœuvré par un seul homme.

Sont réputés traînants tous filets coulés à fond au moyen de poids et promenés sous l'action d'une force quelconque.

Est pareillement prohibé l'emploi de lacets ou collets.

ART. 14. — Il est interdit d'établir dans les cours d'eau des appareils ayant pour objet de rassembler le poisson dans des noues, buires, fossés ou mares dont il ne pourrait plus sortir, ou de le contraindre à passer par une issue garnie de pièges.

4

Art. 15. — Il est également interdit :

1o D'accoler aux écluses, barrages, chutes naturelles, pertuis, vannages, coursiers d'usines et échelles à poissons, des nasses, paniers et filets à demeure ;

2o De pêcher avec tout autre engin que la ligne flottante tenue à la main, dans l'intérieur des écluses, barrages, pertuis, vannages, coursiers d'usines et passages ou échelles à poissons, ainsi qu'à une distance de moins de trente mètres en amont et en aval de ces ouvrages ;

3o De pêcher à la main, de troubler l'eau et de fouiller au moyen de perches sous les racines et autres retraites fréquentées par le poisson ;

4o De se servir d'armes à feu, de poudre de mine, de dynamite ou de toute autre substance explosible.

Art. 16. — Les préfets peuvent, après avoir pris l'avis des conseils généraux, interdire en outre, par des arrêtés spéciaux, d'autres engins, procédés ou modes de pêche de nature à nuire au repeuplement des cours d'eau.

Ils déterminent, conformément au paragraphe 6 de l'art. 26 de la loi du 15 avril 1829, les espèces de poissons avec lesquelles il est interdit d'appâter les hameçons, nasses, filets ou autres engins.

Art. 17. — Il est interdit de pêcher dans les parties des rivières, canaux ou cours d'eau dont le niveau serait accidentellement abaissé, soit pour y opérer des curages ou travaux quelconques, soit par suite du chômage des usines ou de la navigation.

Art. 18. — Sur la demande des adjudicataires de la pêche des cours d'eau et canaux navigables et flottables, et sur la demande des propriétaires de la pêche des autres cours d'eau et canaux, les préfets peuvent autoriser, dans des emplacements déterminés et à des époques qui ne coïncideront pas avec les périodes d'interdiction, des manœuvres d'eau et des pêches extraordinaires, pour détruire certaines espèces dans le but d'en propager d'autres plus précieuses.

Art. 19. — Des arrêtés préfectoraux, rendus sur les avis des conseils de salubrité et des ingénieurs, déterminent :

1o La durée du rouissage du lin et du chanvre dans les

cours d'eau, et les emplacements où cette opération peut être pratiquée avec le moins d'inconvénient pour le poisson ;

2° Les mesures à observer pour l'évacuation dans les cours d'eau des matières et résidus susceptibles de nuire au poisson et provenant des fabriques et établissements industriels quelconques.

ART. 20. — Les arrêtés pris par les préfets en vertu des articles 2, 6, 10, 16 et 19 du présent décret ne seront exécutoires qu'après l'approbation du ministre des travaux publics.

A la fin de chaque année, les préfets adressent au même ministre un relevé des autorisations accordées en vertu de l'article 18.

ART. 21. — Les dispositions du présent décret ne sont applicables ni au lac Léman ni à la Bidassoa, lesquels restent soumis aux lois et règlements qui les régissent spécialement.

ART. 22. — Sont abrogés le décret du 25 janvier 1868 et toutes dispositions contraires au présent décret.

ART. 23. — Le ministre des travaux publics est chargé de l'exécution du présent décret.

Fait à Versailles, le 10 août 1875.

Signé : MAL DE MAC-MAHON.

Le ministre des travaux publics :

Signé : E. CAILLAUX.

DEUXIÈME PARTIE

CHAPITRE I

LA CARPE — M. DE SALVANDY, OU L'UTILITÉ DE LA PÊCHE AU POINT DE VUE DE LA JUSTICE DES GRANDS

La carpe (*cyprinus carpis*) est le type le plus remarquable du genre cyprin, dans lequel on classe aussi le barbeau, la tanche, le goujon, le gardon, la brême, le chevesne, la vandoise, l'ablette et le poisson rouge. Privés de dents, ce sont les moins carnassiers de tous les poissons : les herbes, les graines et le frai, forment la base de leur nourriture.

La carpe est un poisson si répandu et si connu, que l'on a pris texte de ses habitudes pour en tirer une foule d'expressions familières : bâiller comme une carpe au soleil, faire le saut de carpe, se pâmer comme une carpe, sont devenus autant de phrases usuelles qui prouvent surabondamment que les mœurs de ce poisson n'ont plus de secret pour nous.

L'un des produits les plus utiles et les plus abondants de nos rivières, de nos lacs, de nos étangs, la carpe est aussi remarquable par sa longévité, par sa gloutonnerie et par la disposition de ses organes respiratoires.

Tout le monde a entendu parler des célèbres carpes de Fontainebleau, qui le long du bord suivent le promeneur pour happer les morceaux de pain qu'elles sont habituées à recevoir de lui. La blancheur de leurs écailles, ainsi que leur rareté, témoignent de leur âge; la tradition, — mais ceci n'est pas confirmé, — veut que certaines d'entre elles soient nées sous le règne de François Ier. Ce qui est à peu près certain, c'est que la carpe atteint parfois cent ans, et c'est là un âge déjà respectable.

Ce poisson est tellement glouton, qu'il lui arrive de mourir... d'indigestion. C'est pour cette raison qu'on mesure les rations de ceux qu'on nourrit dans les viviers.

Ce qu'il y a de plus curieux chez la carpe, c'est la complication et le nombre considérable des organes destinés à la respiration; l'appareil complet ne se compose pas de moins de *dix-sept mille quatre cents* os, muscles, nerfs, artères, veines ou vaisseaux.

Cette abondance de biens explique pourquoi la carpe, presque seule entre tous les poissons, continue à vivre longtemps après qu'elle a été retirée de son élément. Pourvu qu'on la tienne dans un endroit humide où sa tête ne soit pas comprimée, la carpe respire et accepte la nourriture. Elle a la vie très dure et supporte les longs voyages, si on a la précaution de l'envelopper dans de l'herbe ou dans de l'ortie blanche, et de lui insérer sous les ouïes, afin de les maintenir ouvertes, une tranche de pomme de terre pelée.

Les carpes sont très fécondes; mais leur frai, pour réussir, doit être déposé dans des eaux dormantes ou tranquilles, au milieu des herbes. Aussi apportent-elles tous leurs soins à rechercher ces endroits de prédilection.

« Si dans cette espèce de voyage annuel, dit M. Kretz, elles rencontrent un obstacle, tel qu'une grille ou un batardeau, elles s'efforcent de le franchir. Pour cela elles montent à la surface de l'eau, se placent sur le côté et, rapprochant de leur tête l'extrémité de leur queue, elles forment un cercle; puis, s'étendant tout d'un coup, elles frappent en même temps l'eau du milieu de leur corps et sautent ainsi par-dessus l'obstacle qui s'oppose à leur passage; on prétend qu'elles peuvent franchir ainsi une hauteur de plusieurs pieds. »

Voilà donc ce que c'est que le saut de carpe!

En hiver, elles se réunissent dans la vase et y passent les grands froids dans une sorte d'engourdissement, qui les empêche de prendre aucune nourriture.

La taille de la carpe varie de trente à soixante centimètres d'œil à bat; cependant on en a vu plusieurs qui mesuraient un mètre.

Les petits des carpes portent le nom de *feuilles* jusqu'à l'âge de deux ans et de *tiercelets* ou *alevins* à partir de leur troisième année.

Au point de vue culinaire, les carpes qui habitent les eaux vives sont supérieures à celles qui ont vécu dans les étangs. Celles-ci ont un goût de vase qu'on peut atténuer, sans cependant le détruire complètement, en faisant avaler à la carpe un verre de vinaigre. Ce procédé a pour résultat d'établir

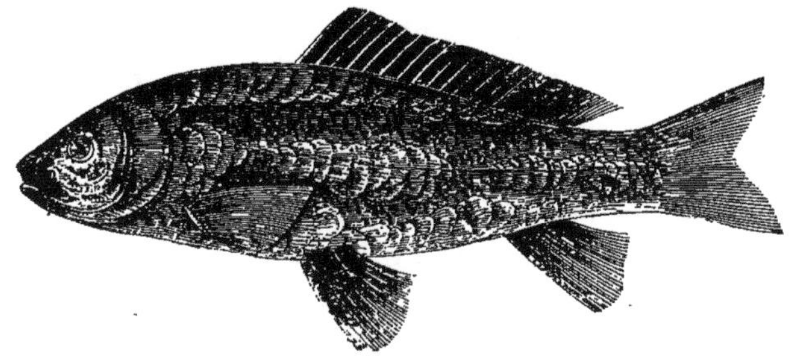

La carpe.

sur le corps de l'animal une sorte de transpiration qu'on enlève en même temps que les écailles; la chair se raffermit, et il ne reste qu'un léger goût de bourbe.

Les carpes du Rhin et du lac de Genève jouissent à juste titre d'un grand renom et d'une grande vogue auprès des cordons bleus.

Pêche de la carpe. — Pour pêcher la carpe, on se sert généralement d'une canne en bois d'hickory ou en bambou, garnie d'un moulinet.

La ligne, en crin et soie tordus ensemble, sera armée d'hameçons nº 5, empilés sur boyau de vers à soie. De février en avril, un simple ver rouge servira d'appât; vers l'automne, une boulette de mie de pain pétrie avec du miel vaudra mieux que le ver; le blé cuit peut aussi s'employer.

Et maintenant que vous voilà bien armé, ami lecteur, il ne nous reste qu'à vous recommander la patience et surtout beaucoup d'adresse, car la carpe est un poisson rusé et soupçonneux, qui sait résister à sa voracité, si l'appât qu'on lui offre présente quelque danger qu'elle puisse deviner.

Lorsque vous verrez que le poisson se décide à mordre franchement, piquez sans toutefois rien brusquer, et sans essayer de l'amener brusquement à terre. Bien au contraire, dévidez le moulinet et laissez filer la carpe, en ayant soin cependant de la tenir à l'écart des herbes où elle cherchera indubitablement à entortiller la ligne pour la rompre plus facilement et se priver ainsi du plaisir de faire votre connaissance. Cette précaution prise, laissez-la se fatiguer et amenez-la doucement et progressivement à portée de l'épuisette.

Cette pêche est une des plus difficiles à cause de la défiance naturelle de la carpe; le moindre bruit la met en éveil, et, se fiant à la vitesse de sa nage, elle prend sa course ou s'enfonce dans la vase. C'est pour cela qu'il faut amorcer sa place quelques heures avant de s'y installer, afin de ne pas troubler l'eau au moment de la pêche.

Une bonne place, bien amorcée et située à l'écart, est un énorme atout dans le jeu du pêcheur. C'est ce qu'avait compris M. de Salvandy, ministre de Louis-Philippe, auquel il arriva l'aventure que voici :

Amateur passionné de la pêche et surtout de la pêche de la carpe, M. de Salvandy s'évadait furtivement le matin de son hôtel et longeait les quais, en évitant autant que possible les regards curieux des passants. Il avait découvert, sous une arche du pont de la Concorde, une place divine, un vrai paradis des carpes, qu'il faisait amorcer chaque soir par son valet de chambre, confident de sa passion. Et M. de Salvandy, heureux comme un écolier en vacances, le regard obstinément fixé sur le bouchon de sa ligne, oubliait son portefeuille ministériel et l'univers entier, jusqu'à ce que le passage plus fréquent des piétons et des voitures lui fit craindre de voir sa personnalité reconnue et sa dignité compromise. Trois matinées de suite, M. de Salvandy, à une époque tout particulièrement favorable à sa pêche, trouva sa place prise. Vexé comme peut l'être un chasseur qui voit tuer le gibier qu'il a levé, le ministre n'osa cependant pas revendiquer ses droits et réclamer contre l'usurpateur. Mais le fait s'étant renouvelé une quatrième fois, la patience échappa à Son

Excellence M. le ministre de l'instruction publique, qui s'approcha du ravisseur, et lui demanda s'il n'avait pas d'occupations plus sérieuses que de pêcher à la ligne et quel hasard lui avait fait ces loisirs.

« Hélas! s'écria l'inconnu, hélas!... *Jubes renovare dolorem!* »

M. de Salvandy tressaillit.

« Oui, Monsieur, poursuivit le pêcheur, j'étais recteur de l'Académie de Caen, et le ministre de l'instruction publique, trompé par de faux rapports, vient de me destituer. Je suis immédiatement venu à Paris pour réclamer contre cette injustice, mais les ministres sont peu accessibles, et j'en

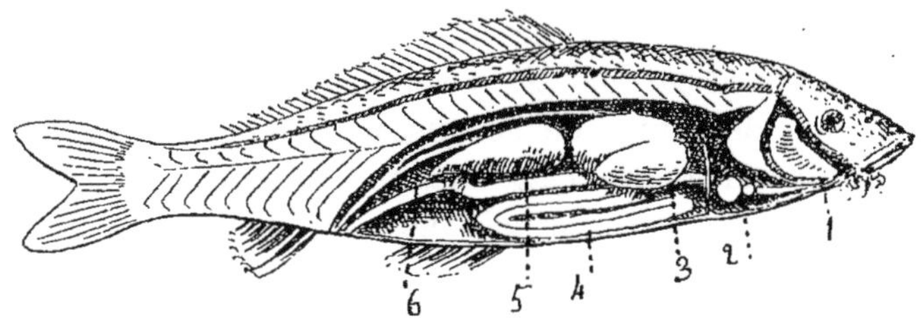

Anatomie de la carpe.

suis réduit, pour occuper mes loisirs et pour oublier mes chagrins, à pêcher à la ligne en attendant que Son Excellence daigne m'accorder une audience.

— Et vous espérez?...

— J'espère que, mon innocence une fois établie, il sera fait droit à ma réclamation. »

M. de Salvandy se fit raconter les détails de l'affaire, prétendant qu'il avait au ministère quelques amis influents dont il promettait l'appui au recteur destitué, et, le soir même, celui-ci recevait une communication de Son Excellence lui annonçant que son innocence était reconnue et que, en considération de ses services antérieurs, il était nommé recteur de la Faculté de Lyon.

Le lendemain matin, de très bonne heure, M. de Salvandy rentrait en possession de sa place de prédilection, et, débarrassé de son dangereux émule, il se livrait avec une nouvelle ardeur à la chasse de la carpe, tandis que l'heureux recteur filait vers le siège de sa nouvelle résidence, en bénissant les carpes qui, indirectement, lui avaient valu un si précieux appui.

Ne serait-ce pas là ce qu'on pourrait appeler pêcher en eau trouble ? Qu'en dites-vous, lecteur ?

Le pêcheur de carpes est un être à part que la chute des empires, les tremblements de terre, les guerres, les cyclones, les fléaux de toutes sortes laissent insensible. Le saumon est sans attrait pour lui, le chevesne l'ennuie, la perche l'agace, le brochet l'horripile et le gardon l'assomme. La carpe seule l'attire ; c'est son rêve et sa folie.

Aussitôt qu'une place à carpes est connue, elle est envahie par la nuée des pêcheurs qui ont voué leur existence à la chasse du malheureux cyprin. Pas un jour, pas une heure, pas une minute, ils ne laisseront la place inoccupée ; la phalange des *carpophiles* y veille nuit et jour, et ce serait folie que de tenter de se glisser dans leurs rangs. Jamais l'endroit qui recèle cette manne, plus précieuse que celle des Hébreux, n'est abandonné sans gardien. Qu'un intrus soit signalé, et vingt cannes... à pêche se lèveront contre lui, tandis que les épuisettes et les paniers, transformés en armes défensives, protégeront les confédérés contre la riposte de l'usurpateur.

Pêcheur novice, méfiez-vous du clan des amateurs de carpes ; si vous êtes le plus faible dans la lutte que votre venue occasionnera, vous serez infailliblement découpé en petits morceaux, et vous irez, en détail, grossir le nombre des appâts jetés au fond de la rivière.

Voici ce que dit de la carpe l'auteur d'un article sur les étangs, qui a paru dans la *Maison rustique du* XIXe *siècle :*

« Nous avions beaucoup ouï parler des carpeaux du Rhin ; c'est un des mets particulièrement appréciés par les gastronomes parisiens. Sans prévention, il nous a semblé que la chair de la carpe du Rhin était, sans contredit, très supérieure à celle des autres rivières, même à celle très vantée du Rhône...

« Nous avons voulu nous rendre compte des procédés employés par les poissonniers de Strasbourg, et nous y avons trouvé cette industrie presque concentrée entre les mains d'un négociant très riche, dans la famille duquel elle se perpétue depuis longtemps ; il a eu la complaisance de nous faire voir ses réservoirs et ses plus beaux poissons. Il en a de toutes les grosseurs, depuis un jusqu'à quinze kilogrammes et même au delà. Il les achète des pêcheurs, les renferme dans de grands réservoirs en chêne, placés dans l'Inn, et qui sont criblés de trous. On les y entretient pour la vente plutôt qu'on ne les engraisse, en leur jetant tous les jours du pain de munition découpé en petits dés. Un seul coup de filet a amené deux ou trois quintaux de poisson. Nous avons vu de très belles pièces, une entre autres, du poids de quinze kilogrammes, qui vivait, nous a-t-on dit, depuis plus de cent ans dans ces réservoirs. Les écailles étaient blanches, et elle nous a semblé plutôt maigre que grasse. Ces carpes se conservent très bien dans toutes les saisons ; on en a toujours de toutes grosseurs ; elles sont tarifiées depuis deux jusqu'à huit et dix francs le kilogramme, suivant le poids, la saison et la nature de l'individu. »

CHAPITRE II

LA TANCHE — PRÉJUGÉS ET VÉRITÉ — SOUVENIRS PERSONNELS DE L'AUTEUR

La tanche (*cyprinus tinca*) est remarquable par la petitesse de ses écailles, que recouvre une sécrétion visqueuse qui la rend difficile à manier. D'une taille inférieure à celle de la carpe, dont elle est parente, elle vit cependant de la même vie, amoureuse de calme et de vase, constamment fourrée dans les herbes, gloutonne et prolifique comme elle. Son poids varie entre cinq cents grammes et un kilogramme.

La tête de la tanche est grosse; le dos est fortement bombé; la couleur est d'un brun foncé avec reflets dorés. Les nageoires sont épaisses et violacées.

Les tanches se trouvent dans les rivières, les lacs et les étangs; mais elles ne pullulent et ne prospèrent que dans les lieux herbeux et vaseux. Comme la carpe, elles s'enterrent dans la bourbe pendant les mois d'hiver, et n'en sortent que pour pondre leurs œufs, qu'elles déposent dans les herbes; ces œufs sont verdâtres et tout petits. M. Block, qui a eu la patience et la curiosité de compter ceux que contenait le corps d'une femelle, en a trouvé deux cent quatre-vingt-dix-sept mille. Malthus a observé une carpe de quarante-huit centimètres, qui renfermait trois cent quarante-deux mille cent quarante-quatre œufs. Ce sont là de beaux exemples de patience de la part des chercheurs et de fécondité de celle des poissons.

Parmi les poissons d'eau douce, la tanche semble jouir, aux dires des anciens, de la situation de médecin. De vieilles traditions, rapportées par des auteurs qui paraissent y avoir ajouté foi, ont répandu ces absurdités. D'après ces fantaisistes assertions, le brochet se guérirait de ses blessures en frottant la partie malade contre le corps de la tanche, la sécrétion dont ce poisson est couvert étant un spécifique merveilleux et infaillible contre toute espèce de maux. C'est ainsi qu'on raconte, que les vertus bienfaisantes de ce poisson feraient même sentir leurs effets sur l'espèce humaine. Par exemple, une tanche coupée en morceaux et placée sous la plante des pieds guérit de la peste et de la fièvre chaude; appliquée vivante sur le front, elle dissipe les maux de tête; sur la nuque, elle chasse l'ophtalmie; sur le ventre, elle met la jaunisse en fuite. Son fiel chasse les vers, son foie détruit les verrues, et ses yeux, mêlés à une autre substance, font repousser une forêt soyeuse sur les têtes les plus parfaitement chauves et les plus rebelles à la culture des cheveux.

Tout cela serait fort amusant si on pouvait en rire sans y voir la preuve de l'ignorance et des préjugés de ceux qui ont inventé et colporté ces mirifiques recettes, sans parler de la crédulité de ceux qui les ont acceptées yeux fermés. Malheureusement ces chinoiseries passent dans les campagnes pour des vérités absolues, et bien des gens croiront plus volontiers à ces choses qu'à la science du médecin.

En fait de qualité, la tanche n'en possède que fort peu au point de vue culinaire : sa chair est inférieure à celle de la carpe, et ne peut se manger qu'à condition d'avoir mis le poisson pendant quelques jours dans une eau limpide, afin de lui enlever son goût de vase.

Cela me rappelle que pour avoir omis de prendre cette précaution, nous dûmes jeter, il y a quelques années, un fort beau plat de tanches, que nous avions capturées dans des conditions assez particulières.

C'était au mois de juin; il faisait chaud, et cependant quelques personnes amies avaient eu l'idée originale de se réunir pour faire de la musique et danser. Tout le monde a lu *le Hanneton;* il devient donc inutile de décrire les souffrances d'une soirée pendant les grandes chaleurs. La petite fête se passait dans un restaurant parisien : un jardin et des bosquets formaient une verte ceinture aux constructions dans lesquelles s'agitaient les amateurs de chorégraphie. Au milieu du jardin, un bassin orné de coquillages, sur lesquels retombait en perles un petit jet d'eau reflétait les lueurs nacrées de la lune. Quelques amis, que la chaleur de la salle de danse avait forcés à chercher un refuge sous les ombrages, soupaient gaiement dans un bosquet. J'étais au nombre de ces martyrs de la canicule. Il était tard, très tard même, ou, pour mieux dire, l'heure était matinale; disons deux heures du matin.

Tout à coup l'idée me vint, pour me rafraîchir, de plonger mes mains et mes poignets dans l'eau. Je me levai et me dirigeai vers le bassin. Arrivé sur le bord, je vis qu'il contenait des poissons, et que ces poissons dormaient; car ils ne bougeaient pas plus que des poissons de bronze. Mes instincts de pêcheur me poussèrent immédiatement à essayer de les prendre.

Voilà des particuliers, me dis-je, qui me paraissent joliment tranquilles; sans doute que l'appétit est calmé.

Et j'avançai doucement la main dans l'eau vers celui qui était le plus rapproché.

Il ne bougeait toujours pas; j'avais de l'eau jusqu'au coude, et la manche de mon habit, comme celle de ma chemise, était ruisselante. Mais qu'est-ce que ce détail pour un pêcheur qui voit le poisson à portée, surtout quand ce poisson dort?

J'avançai le bras tant et si bien, que je pris le poisson, que je serrai vigoureusement et que je pus sortir de l'eau, avant qu'il eût eu le temps de se réveiller et de se reconnaître.

C'était une tanche. Je criai de joie. A mes cris, les soupeurs accoururent, et bientôt ce fut une véritable chasse. Il y avait encore cinq autres tanches dans le bassin; vingt bras les cherchèrent et les traquèrent, jusqu'à ce que les six malheureux furent réunis sur le sable du jardin.

Le maître de l'hôtel arriva sur ces entrefaites; il sourit en voyant le résultat de notre labeur, et se retira sans mot dire. Seulement, sur l'addition nous constatâmes que notre pêche figurait sous cette rubrique : « Poisson vivant, six tanches, 25 francs. »

Quand le vin est tiré il faut le boire, dit le proverbe; le poisson était pêché, il fallait le manger; aussi nous résolûmes de nous réunir le jour même en un déjeuner intime, dont les tanches feraient les frais.

En ma qualité de pêcheur, et aussi parce que j'avais le premier découvert le pot aux roses, on décida que j'accommoderais moi-même notre pêche, et qu'on se réunirait chez moi.

Le festin eut lieu, mais quelle déception! J'avais préparé les six malheureuses bêtes avec une sauce au vin de haut goût; seulement j'avais oublié de les faire dégorger dans l'eau claire, et cela sentait tellement la vase, qu'il fut impossible d'y toucher. Nous nous rattrapâmes sur les accessoires, et sur un fort pâté de foie gras que j'envoyai chercher en hâte.

Or voici pourquoi ces tanches sentaient si fort la vase :

Le propriétaire du restaurant avait l'habitude de faire acheter chaque matin du poisson vivant, qu'il mettait ensuite dans son bassin, convaincu que des amateurs de pêche se livreraient à l'innocent plaisir auquel nous n'avions pas su résister. Le résultat de ce sport constituait pour lui un joli bénéfice, et contribuait grandement à arrondir l'addition.

Les tanches que nous avions pêchées à la main venaient tout simplement de quelque étang vaseux des environs.

Et maintenant voici comment on s'y prend généralement pour réussir dans cette pêche :

PÊCHE DE LA TANCHE. — C'est surtout le soir et le matin que les tanches mordent à l'appât; cependant, en été, par un temps chaud et lourd, on réussit assez bien dans la journée. On donnera à la ligne une longueur suffisante pour que l'hameçon se trouve à peu de distance du fond; une limace ou un ver servira d'appât. Les fonds couverts d'herbes sont les meilleurs.

Servez-vous d'une ligne sans flotte, armée d'hameçons nº 7, et dès que vous sentirez que la ligne tire, ferrez vivement.

La canne sera la même que pour la pêche à la carpe.

CHAPITRE III

LE BARBEAU ET LA BRÊME — MALADIE DU BARBILLON

Le barbeau (*cyprinus barbus*) est un poisson facile à reconnaître, même pour le plus inexpérimenté des amateurs; il possède dans son signalement un signe particulier qui le désigne clairement à l'œil du plus novice : ce sont quatre barbillons qu'il porte à la lèvre supérieure et qui lui font comme une moustache. Son corps est plus effilé et plus rond que celui de la carpe; ses écailles sont moins grandes et plus brillantes; elles sont de couleur olivâtre sur le dos, bleutées sur les côtés et généralement nacrées. La nageoire dorsale du barbeau tire sur le blanc, tandis que les autres ont des reflets rouges. Sa taille varie de trente à cinquante centimètres; certains pêcheurs, Gascons ou Marseillais peut-être, prétendent en avoir vu ou pris qui mesuraient un mètre et dont le poids atteignait dix kilogrammes.

Le barbeau est commun dans toute la France; on le trouve surtout dans les rivières à cours rapide et à fond rocailleux; il aime à se cacher sous les pierres et sous les saillies que font certaines rives que l'eau a rongées en dessous.

Il se nourrit d'insectes, de vers et de débris de toutes sortes.

Comme il ne commence à pondre que vers l'âge de quatre à cinq ans, on en a conclu que le barbeau devait avoir une vie d'une longue durée. Ses œufs, qu'il dépose sur une pierre à l'endroit le plus rapide du courant, ont longtemps été l'objet d'une violente polémique. Certains auteurs affirment qu'ils sont nuisibles et malfaisants comme ceux du brochet, et que leur ingestion peut occasionner la mort. D'autres ichtyologistes assurent qu'il n'en est rien et que la médisance a terni la réputation de ces œufs, qui sont aussi sains que ceux de la carpe, de l'esturgeon et autres. De leur côté, des savants ont constaté (ou prétendu constater) des symptômes d'empoisonnement causés par ces œufs. Quoi qu'il en soit, il vaut mieux s'en abstenir; ce qui, du reste, ne sera pas une grande privation, car c'est un manger qui n'a rien de particulièrement savoureux.

Le barbeau peut vivre quatre ou cinq heures hors de l'eau.

Le barbeau, que l'on appelle aussi barbillon lorsqu'il est jeune, donne, à l'heure où nous écrivons ces lignes, de la

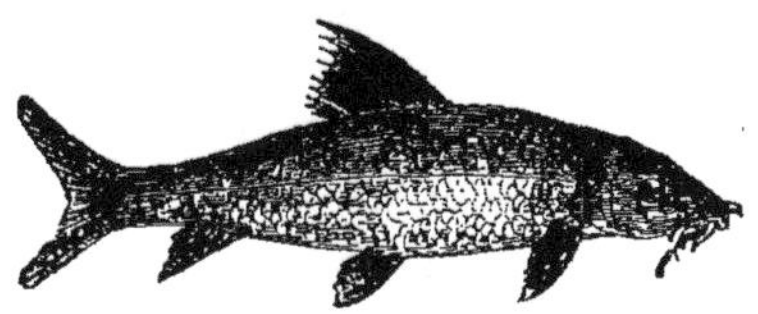

Le barbeau.

tablature aux savants. Les pêcheurs de la Marne sont dans la désolation : le barbillon est atteint d'un mal contagieux qui le rend immangeable. Ce mal se présente sous la peau comme une sorte de bouillie granulée.

MM. les professeurs Raillet et Trasbot, de l'école d'Alfort, ont examiné un grand nombre de ces poissons. Ils y ont constaté la présence de psorospermies, c'est-à-dire de microbes tels que ceux qu'on trouve dans la viande de boucherie lorsqu'elle commence à se décomposer.

Le barbillon succombe rapidement à ce mal mystérieux. On le voit d'abord à la surface de l'eau, où avant de mourir il nage quelque temps. Les pêcheurs peuvent à ce moment le prendre facilement; ceux à qui cela ne répugne pas le mettent même dans leur filet et l'emportent pour le joindre à leur friture; mais ils ne tardent pas à s'apercevoir qu'ils ont eu le plus grand tort.

Le barbillon atteint de ce mal a un goût amer insupportable; en outre, il ne peut être que pernicieux pour la santé.

Il convient donc de se tenir en garde contre la tentation

de s'emparer, dans les circonstances actuelles, des barbillons qui ne sont pas parfaitement sains. Il faut, de plus, recommander aux ménagères d'examiner avec soin les barbillons qu'elles achètent. Si ces poissons présentent les caractères que nous venons de décrire, elles doivent s'abstenir d'en faire l'acquisition.

Le fléau, qui tout d'abord était resté circonscrit à la Marne, semble actuellement s'étendre au loin. En effet, on vient de trouver quelques barbillons atteints de ce mal à Choisy-le-Roi et à Athis, ainsi que dans des affluents de la Seine.

Avis aux intéressés.

Pêche du barbeau. — La canne qui convient le mieux à la pêche du barbeau est la première que nous avons décrite; elle mesurera de trois mètres à trois mètres vingt-cinq centimètres, et sera en roseau de France. Sur cette canne, on montera une ligne solide en crin et soie, à laquelle on fixera des hameçons n°s 5, 6 et 7, qui seront empilés sur boyau; la flotte sera légère.

En été, le ver de viande est le meilleur appât; il convient cependant d'amorcer avec des pelotes de terre pétrie avec du crottin de cheval et des asticots. Au printemps et à l'automne, on remplacera l'asticot par le ver rouge.

Mais, malgré l'adresse du pêcheur, ce système ne donnera pas de si bons résultats que celui-ci, qui est plus simple et plus fructueux :

Prenez une ligne de soie écrue de dix à quinze mètres de long, selon l'importance de la rivière; empilez-y un hameçon (n° 1 au printemps, n° 3 en été, et n° 0 en automne), au-dessus duquel vous fixerez un plomb suffisant pour résister au courant. La meilleure amorce sera un morceau de viande maigre ou du fromage de Gruyère.

Vous jetterez dans l'eau votre ligne ainsi préparée, en vous plaçant à un endroit qui domine la rivière, tel que berge élevée, chemin de halage, pont en terrasse, et vous attendrez les événements.

Tant que vous ne sentirez que des tiraillements à intervalles irréguliers, vous conserverez

... de Conrart le silence prudent,

et vous n'agirez qu'au moment où une traction continue et ferme s'opérera sur la ligne. Alors vous tirerez ferme et sans craindre de rompre votre ligne, qui est à toute épreuve, de même que la bouche du barbeau, qui est assez solide pour ne pas se déchirer et céder à l'hameçon.

C'est là ce que l'on appelle la pêche à soutenir.

Il est encore un autre système qui réussit bien, à condition de ne l'employer que pendant une nuit sans lune : c'est la pêche à la pelote. Voici comment il faut s'y prendre :

Faites avec de la terre grasse des boulettes bien pétries, dans lesquelles vous incorporerez une dizaine de vers de viande; ces boulettes auront environ la grosseur d'un œuf de dinde. Une fois votre boulette prête, garnissez l'hameçon avec des asticots et enfoncez-le dans la boulette. La ligne dont vous vous servirez n'aura ni flotte ni plomb, et mesurera une dizaine de mètres de long. Elle devra être tenue à la main.

Lorsqu'elle sera garnie comme nous venons de le dire, la ligne sera jetée à l'eau, et le pêcheur aura soin de la maintenir toujours tendue de manière à bien sentir l'attaque du poisson.

La boulette ou pelote se désagrégera en dix minutes; au bout de ce temps, la ligne, n'étant plus retenue, flottera si aucun poisson n'a mordu, et tout sera à recommencer.

Dans cette pêche, il faut toujours avoir soin de jeter sa ligne au même endroit, parce que la pelote, en fondant, laisse échapper les vers qu'elle contient; ces vers, emportés par le courant, forment une trace que le poisson placé en aval suit en remontant. Celui-ci sera donc forcément conduit à l'hameçon, qu'il mordra sans défiance, encouragé par les proies semblables qu'il a déjà dévorées et qui l'ont attiré vers le piège. Le pêcheur, averti par le choc et par la tension de la ligne, pique vivement, et... le tour est joué.

On peut aussi amorcer avec du vieux fromage de Gruyère qu'on a laissé tremper vingt-quatre heures dans de l'urine mêlée à de l'ail.

La BRÊME (*cyprinus brama*) mesure ordinairement de cinquante à soixante centimètres; son poids varie entre deux et trois kilogrammes. Son corps, d'un ovale presque parfait, est recouvert de fortes écailles; la tête est bleuâtre; le dos est noir, les nageoires violettes, tachetées de noir.

La brême affectionne les eaux dormantes et les fonds bourbeux et remplis de plantes aquatiques. Elle se trouve partout en Europe et est très commune dans les régions septentrionales. On prétend qu'en mars 1749 on prit d'un seul coup de filet, dans un lac situé près de Nordkœping (Suède), plus de quarante mille brêmes. Ce chiffre nous paraît cependant incroyable; car, en admettant que ces brêmes ne pesassent qu'un kilo chacune, elles auraient été encore bien lourdes à enlever, et, si l'on veut calculer le volume qu'elles auraient fait, on verra que le filet aurait dû être bien grand. Des auteurs consciencieux ont cependant reproduit ces fantaisies grotesques, sans réfléchir à ce qu'elles avaient d'invraisemblable.

Ce poisson multiplie beaucoup; on a compté jusqu'à cent quarante mille œufs chez un seul sujet. Il pond dans les derniers jours d'avril, et dépose ses œufs sur les fonds unis et garnis de plantes.

La brême pêchée dans une eau vive est un mets de bon goût; mais celle qui a fréquenté les lieux vaseux est peu agréable à manger.

La brême se transporte facilement, surtout en hiver; à cette saison, il suffit de l'envelopper de neige et de placer dans sa bouche une boulette de mie de pain trempée dans l'alcool pour la conserver vivante.

Le bruit effraye la brême; le tambour, les détonations des armes à feu, la cloche, les chants, la mettent en fuite.

PÊCHE DE LA BRÊME. — Installez-vous dans un lieu où l'eau coule peu et où il y ait du fond, en ayant soin de vous assurer que ce fond est vaseux. Évitez les herbes, et placez-vous de préférence dans les anses, ou près des égouts si vous pêchez en ville. Il est utile d'amorcer au préalable la place que vous aurez choisie.

Rarement la brême mord durant les chaleurs caniculaires, à moins qu'il ne fasse du vent ou qu'il ne pleuve.

L'hameçon, qui doit presque toucher le fond, sera garni des mêmes appâts que pour la tanche ou la carpe. Il sera empilé sur boyau de ver à soie.

La meilleure ligne pour la pêche de la brême sera formée de huit brins de crin ou de soie écrue. Elle mesurera de cinq à six mètres de long, et sera armée de la même façon que celle destinée à la carpe.

Lorsqu'une brême est prise, elle reste quelque temps immobile au fond de l'eau; mais, au premier effort que l'on fait pour l'amener, elle se débat avec violence, et casse la ligne si on agit trop brusquement. C'est alors qu'il faut fatiguer votre proie et l'attirer peu à peu vers le bord.

Ne mettez jamais plus d'un grain à l'hameçon, et vous aurez au moins la chance de prendre des gardons si vous ne prenez pas de brême. Il convient de piquer au plus petit mouvement; car la morsure des brêmes, même des plus grosses, est fort légère.

On peut aussi pêcher la brême à la pelote; mais ce genre de pêche n'offre aucun avantage particulier.

CHAPITRE IV

LE BROCHET — UN GÉANT — LE CONTREMAITRE
— UNE LEÇON EXPÉRIMENTALE —
LES VESSIES — LE PROBLÈME DU BROCHET — GÉOMÉTRIE ET ALGÈBRE
— LES BONS ALLEMANDS

De tous les hôtes des rivières, le brochet (*esox, lucius*) est le plus vorace, et ce n'est point sans raison qu'on l'a surnommé le requin des eaux douces. Il détruit les petits poissons et s'attaque même à ceux de sa taille et de son espèce. Suivant son âge, le brochet porte différents noms : les jeunes sont des *brochetons;* on appelle les moyens *brochets-poignards,* et les gros sont connus sous le nom de *brochets-carreaux.*

Le brochet parvient à un âge avancé, sans toutefois égaler la carpe en longévité ; sa croissance est plus rapide que celle de cette dernière, qui à trois ans ne pèse guère que cinq cents grammes, tandis que le brochet atteint le kilogramme.

Le colonel Thornton, en 1784, prit en Écosse un brochet qui ne pesait pas moins de *vingt-six kilogrammes* et qui mesurait, de la tête à la queue, un mètre trente-cinq centimètres, et, de bout en bout, un mètre quarante-cinq ; son épaisseur était de quinze centimètres.

Les curieux et les statisticiens pourront s'amuser à rechercher, d'après ces données, quelle est la densité de cet animal.

Il portait une petite cicatrice qui indiquait une plaie provenant d'un hameçon, qu'il avait avalé quelque dix ans plus tôt et qui avait presque percé la peau ; l'animal une fois ouvert, on découvrit l'hameçon et on le retira.

Cependant, en France, le brochet dépasse rarement un mètre de longueur ; l'un des plus gros qui aient été pêchés est celui que prit M. Kretz dans l'étang de l'Écrevisse, à Meudon, et qui pesait dix-sept kilogrammes.

La tête du brochet est aplatie antérieurement et comprimée sur les côtés ; sa bouche s'étend presque jusqu'aux yeux. La mâchoire inférieure est garnie par-devant de dents petites mais tranchantes ; sur les côtés, elles sont alternativement fixes et mobiles ; les dents mobiles n'adhèrent qu'à la peau. La mâchoire supérieure est pourvue de dents dans sa partie antérieure ; le palais, la langue et l'entrée du gosier, sont également garnis de dents. En tout, le brochet en possède sept cents.

Les yeux du brochet sont grands ; la prunelle est bleue, irisée et dorée ; ses narines sont larges.

Le corps est souple et vigoureux ; il est allongé et de forme quadrangulaire à angles effacés. Vers la tête, un grand nombre de petits trous laissent échapper une matière visqueuse dont tout le corps est enduit. Les écailles sont petites et nombreuses ; pendant la première année, leur couleur est verdâtre ; dans le courant de la seconde, elles prennent une teinte grise tachée de noir. Ces taches prennent parfois la couleur de l'or. Plus tard, le brochet devient noir sur le dos et blanc sous le ventre.

Plus l'eau où vit le brochet est limpide et courante, plus ses couleurs sont brillantes. Cependant la nature du brochet le porte à rechercher les eaux dormantes de préférence aux eaux vives.

De même que le boa, le brochet ingère tout d'abord la tête de ses victimes ; puis, exerçant une pression continue sur le reste du corps, il finit par l'engloutir *in gurgite vasto*, dans sa vaste bouche.

Son adresse, sa ruse et sa force, rendent le brochet redoutable à toute la gent porte-nageoires. Seules la perche et l'épinoche, à cause des piquants qui garnissent leur dos, trouvent grâce devant son énorme appétit. Les grenouilles, les salamandres aquatiques, les petits canards, les rats, les souris, les couleuvres, les cadavres des jeunes chiens et des jeunes chats qu'on a noyés, sont pour lui de bonne prise et participent à son alimentation. Au reste tout lui est bon, et il se jette sur tout ce qu'il rencontre avec avidité ; cette gloutonnerie permet de se servir de toutes espèces d'appâts pour le capturer.

La chair du brochet est ferme et savoureuse, surtout lorsque ce poisson a été élevé dans une eau limpide. Toutefois on fera bien de s'abstenir des œufs, qui sont, dit-on, malsains.

Par sa force, le brochet a quelquefois causé des accidents dont d'imprudents pêcheurs ont été les victimes. C'est ainsi qu'un brave contremaître d'une usine de Toulouse trouva la mort dans des circonstances qu'ont relatées tous les journaux du Midi.

On signalait depuis quelque temps la présence, dans la Garonne, d'un poisson énorme, qui trouait les filets et brisait tout ce qui lui faisait obstacle. Les racontars des pêcheurs allaient leur train, et bientôt le poisson, objet de leurs commentaires, prit les proportions de la bête de l'Apocalypse. On en parlait sur les quais, dans l'île des Ramiers, et jusqu'à Saint-Cyprien; les langues des commères se mirent de la partie, et tout Toulouse apprit un beau jour qu'une bête monstrueuse fréquentait ses rivages.

Un indigène, brave contremaître dans une usine du crû, grand pêcheur par goût, résolut d'approfondir le mystère qui entourait le poisson phénomène, et il jura de le prendre et de conquérir la gloire qu'une pareille conquête ne manquerait pas de lui valoir.

Plusieurs jours de suite, il amorça un endroit qui était signalé comme servant de retraite au monstre; tous les soirs il venait, armé de ses engins, provoquer le géant, qui restait introuvable.

Enfin, un beau dimanche qu'il était tranquillement assis dans un batelet, une forte ligne attachée à son poignet, il sentit une secousse, puis deux, puis trois, puis enfin une dernière qui fut si forte, que le bonhomme perdit l'équilibre, fit chavirer la barque et tomba à l'eau.

Je ne vous dirai pas que le brochet (car c'était lui) mangea le contremaître, ce serait par trop toulousain ou marseillais; mais la vérité m'oblige à reconnaître que l'homme, entraîné par le poisson, qui tirait sur la ligne attachée à son poignet, se noya et que ce ne fut que quelques minutes plus tard que son corps fut retiré du fleuve.

En repêchant le pêcheur on pêcha le brochet, auteur de l'accident.

Il pesait *onze kilogrammes !*

Le contremaître était très aimé de ses ouvriers, aussi le poisson fut-il traité selon la loi de Lynch. On le promena tout vif à travers les rues, et femmes et enfants, armés de bâtons, le frappaient au passage, si bien que le pauvre animal succomba sous les coups avant d'être asphyxié.

Le soir, on le vendit au profit de la veuve, et ce fut avec acharnement que les dîneurs du restaurant Tivollier le mirent en pièces.

La morale de cette histoire est qu'il ne faut pas attacher sa ligne à son bras quand on s'attaque à la grosse bête.

PÊCHE DU BROCHET. — Le brochet se pêche de septembre à janvier. Choisissez une forte canne, armée d'une ligne solide en soie et crin, mesurant de vingt-cinq à trente mètres et montée sur moulinet. Les hameçons n° 00 seront doubles et empilés sur corde de guitare ; un poisson vivant ou artificiel servira d'appât.

Une fois la ligne à l'eau, il faut être continuellement sur le qui-vive, car le brochet attaque si goulûment et avec tant de force, que la ligne serait infailliblement rompue, si on ne donnait immédiatement du large.

Pour donner une idée exacte de la façon dont on doit procéder dans ce genre de pêche, nous ne croyons pouvoir mieux faire que de reproduire ici les excellents principes que M. Kretz indique sous une forme intéressante et anecdotique :

« Je suis allé vers la fin d'octobre, dit-il, à Neuilly-sur-Marne, à trois lieues de Paris. Il était à peu près dix heures du matin lorsque j'arrivai ; le temps était favorable pour la pêche ; l'eau était un peu troublée. Je trouvai un jeune pêcheur à qui j'avais donné rendez-vous ; un havresac ou carnier pendait sous son épaule gauche, il avait la canne à pêche sous le bras et, dans la poche, un portefeuille garni d'ustensiles de pêche à la traînée, et principalement d'hameçons de plusieurs grandeurs, d'aiguilles à amorcer, de fil et de soie poissés, d'un dégorgeoir, d'une paire de ciseaux, etc.

« Il avait aussi une boîte renfermant une douzaine de poissons couverts de son. Il s'était muni d'un grand hameçon attaché à un télescope, qui devait servir à accrocher le brochet par les ouïes dans le cas où sa taille pourrait faire craindre qu'il ne rompît la ligne à l'instant où on le sort de l'eau ; la pointe de ce grand hameçon était engagée dans un morceau de liège, pour prévenir tout accident.

« Mon jeune ami m'attendait avec impatience. Je lui dis d'apprêter d'abord sa canne, en joignant ensemble toutes les pièces de manière que les anneaux de chaque pièce fussent en ligne droite jusqu'au grand anneau du scion, afin que la ligne, montée sur un moulinet, pût courir en ligne droite et, par conséquent, bien plus librement qu'elle ne l'aurait pu, si les anneaux eussent été placés en zigzag. Je lui fis ensuite dérouler la ligne de dessus le moulinet, de longueur à peu près de la moitié de la canne à pêche. Je lui conseillai de prendre sa canne un peu au-dessus du moulinet, de poser le bout contre la partie inférieure du ventre, de tirer avec la main gauche, de dessus le moulinet, un mètre de ligne environ, qu'il devait lâcher petit à petit en jetant l'appât dans l'eau.

« Je dis ensuite à mon élève-pêcheur : « Afin que votre appât ne tombe pas en deçà de l'endroit convenable, jetez-le, sauf à le ramener ensuite, à quelque distance plus loin que l'endroit où vous croyez trouver le brochet. La manière de tenir la ligne que je vous ai indiquée vous donne la facilité de jeter votre appât avec une aisance que vous n'auriez pas si, comme quelques pêcheurs le font, vous vous contentiez de tenir votre canne à la main sans la faire toucher au ventre et à la partie supérieure de la cuisse.

« Tout est prêt : jetez maintenant votre appât au delà de ces herbes, et laissez-le descendre jusqu'au fond ; faites-le remonter jusqu'à ce qu'il soit près de la surface de l'eau ; laissez-le descendre encore, faites-le remonter, tirez un peu à droite et à gauche, laissez-le descendre de nouveau, retirez-vous un peu en arrière, et faites approcher l'appât du bord. Rien n'a mordu. Ne perdez pas patience... Jetez l'appât plus loin... Rien ne mord,... l'endroit n'est pas bon. Voyons ailleurs. Observez comme les joncs sont serrés dans le bas de la rivière, il y a là des herbes; mais elles ne paraissent pas bien fortes, et ce faible courant nous sera favorable. Il y a lieu de supposer qu'un brochet s'est établi là. Mettez un nouvel appât: ce goujon fera bien l'affaire. Jetez-le à deux mètres et demi environ au delà des herbes.

« Votre appât a été tiré avec force. Abaissez le scion de votre canne, et en même temps tirez petit à petit, avec la main gauche, un peu de ligne de dessus le moulinet, afin que rien ne puisse empêcher la ligne de courir librement ou arrêter le brochet. Votre appât est certainement pris; mais on ne remarque plus aucun mouvement. Il y a bien sept minutes que rien ne remue. Ayez de la patience. La ligne tremble, elle est agitée, elle court. Dévidez promptement, et tournez la canne de manière que le moulinet soit en dessus; piquez légèrement et élevez le scion de votre canne car assurément il y a un poisson accroché. Il se dirige vers le milieu de l'eau,... il paraît vouloir aller contre le courant. C'est probablement un gros, car il tire fortement; il paraît vouloir gagner les herbes, détournez-l'en et ramenez-le à l'endroit d'où il est parti. Vous êtes chanceux; il se retourne sans violence et recommence à courir; laissez-le aller, repelotonnez; il part encore, dévidez. N'exposez pas votre ligne à être rompue. Vous pouvez maintenant repelotonner de nouveau, le serrer un peu plus, et tenter de l'élever à la surface de l'eau; mais soyez circonspect. Vous voyez qu'il vaut la peine qu'on se donne pour l'avoir. Tenez-vous ferme, et que votre ligne soit dégagée, car il va devenir plus violent que jamais. Tâchez de le conduire là-bas, où vous voyez qu'il n'y a point d'herbe, et où l'eau est de niveau avec la terre; c'est un excellent endroit pour mettre un poisson sur la rive, surtout si on est seul, sans grand hameçon ni épuisette. Il paraît bien fatigué; cependant tout le danger n'est pas encore passé. Approchez-le du bord et élevez-le sur la surface. Donnez-lui encore de la ligne, car il commence à faire de grands efforts. Le plus pénible est passé. Voyez comme il montre ses mâchoires, comme il saute hors de l'eau! Ayez la main assurée et empêchez-le d'entrer dans les herbes. Faites-le approcher du bord, soutenez-le. Je crois qu'il est tout à fait fatigué. Tenez sa tête un peu élevée, afin que ses dents ne s'accrochent pas aux herbes. Empoignez-le de vos deux mains un peu au-dessous des pectorales et jetez-le à quelques pas sur le gazon ; c'est un brochet femelle qui pèse au moins quatre kilogrammes ; mettez-le dans votre panier et amorcez un autre hameçon, car vous devez savoir qu'il arrive bien souvent qu'on trouve dans un endroit comme celui-ci deux brochets de la même grandeur, mais de sexe différent. » Après quelques moments, mon jeune pêcheur sentit mordre une seconde fois et fut assez heureux pour prendre un mâle, qui paraissait peser trois kilogrammes et demi. Pendant le reste de la journée nous prîmes un troisième poisson, qui pesait à peu près deux kilogrammes. »

Une pêche bien amusante est celle que l'on fait avec des vessies; malheureusement, on ne peut s'y livrer que dans un étang. Prenez quelques vessies de mouton; gonflez-les autant que possible et bouchez-les hermétiquement. A chacune d'elles vous attacherez une forte ficelle sur laquelle vous empilerez un hameçon à brochet, amorcé d'un petit poisson : l'appât ne devra descendre qu'à mi-profondeur. Ceci fait, abandonnez vos vessies et laissez-les livrées au vent et à elles-mêmes, et ne revenez les visiter que le lendemain ou, au moins, plusieurs heures après. Si un brochet est pris, la vessie s'enfoncera, s'agitera et courra à la surface de l'eau. Il ne vous restera qu'à prendre un batelet et à donner la chasse à la vessie, qui, tirée par le poisson effrayé, fuira devant vous. Vous aurez ainsi un sport agréable et productif.

On peut aussi remplacer les vessies par des rondelles de liège.

Quelle que soit la façon dont on pêche le brochet, il est bon de prendre des précautions lorsqu'on retire l'hameçon de sa bouche, car les dents du brochet sont pointues et auraient tôt fait de déchirer les doigts de l'opérateur imprudent et maladroit qui ne s'en défierait pas.

Le problème du brochet.

Le *Petit Journal* racontait, il y a quelques années, que le plus gros brochet dont le souvenir soit resté fut pris en 1497, à Kaiserslautern, près de Mannheim ; sa longueur était de six mètres quinze centimètres, et il pesait cent soixante-quinze kilogrammes. Longtemps on conserva à Mannheim le squelette de ce phénomène, qui portait un anneau à ressort que l'empereur Frédéric Barberousse lui avait attaché au cou deux cent soixante-sept ans auparavant.

Ce brochet avait donc vécu près de trois siècles.

Or la tradition veut qu'un brochet dévore, par jour, un nombre de poissons égal au double de son poids.

Partant de ce principe, on obtient le problème suivant :

Un brochet de 175 kilogrammes, âgé de 300 ans, a été pris. Quelle quantité de poisson a-t-il mangée en supposant que, depuis sa naissance, il ait dévoré chaque jour le double de son poids et étant donné que le brochet a :

à 1 an, 30 centimètres et pèse 200 grammes ;
à 2 ans, 40 — — — 1 livre ;
à 3 ans, 50 — — — 3 livres ;
à 6 ans, 1 mètre et pèse 15 livres ;
à 12 ans, 1 mètre 30 et pèse 26 livres ;

et ainsi de suite en établissant une échelle proportionnelle descendante pour arriver aux 175 kilogr. et aux 300 ans, en supposant que la croissance et le poids varient de moins en moins vers la 300e année ?

M. de Bismarck, qui a résolu la question de la quadrature du cercle en faisant entrer des têtes carrées dans des casques ronds, aurait bien dû s'amuser à résoudre celle du brochet, dont M. Georges Mariaud a donné deux solutions : l'une géométrique, l'autre algébrique.

Les voici à titre de curiosité, telles que les a publiées M. F. Laffon :

Solution géométrique.

Supposons que, sur une feuille de papier quadrillé, on marque au bas de la page les chiffres 0, 1, 2, 3,... etc., jusqu'au dernier jour de la vie du brochet, dernier jour obtenu en multipliant 364 1/4 par 300, le nombre des années, ce qui donne : 109 575 jours.

Supposons qu'à partir de chaque point,

à la division 0 — on marque 0;
à la division 364 1/4 on prenne une longueur égale à 0, division 2/10;
à la division 3 — 364 1/4 on prenne une longueur égale à 0,5;...

et ainsi de suite en portant, sur les lignes verticales menées par les différents points de division du bas de la page, des longueurs représentant le poids de l'animal.

Ainsi, à la dernière division, c'est-à-dire à la 300e année, nous prendrons sur la ligne verticale une longueur égale à 175 divisions.

Donc, si maintenant nous venons à relier tous ces points par une courbe de forme parabolique, on aura une ligne qui nous présentera aux yeux l'existence même du brochet, et qui nous permettra de savoir, un âge étant donné, à l'aide d'un instrument de mesure, quel est le poids du brochet.

Ex. : A la division correspondant à la 200e année, je mesure la distance qui sépare le bas de la page de la courbe et je lis : 165, 5.

Ceci fait, j'en conclus que le brochet pèse, à la 200e année, 165 kilogrammes 5.

Donc, le premier jour de la 200e année, il mange 2 fois 165 kg. 5 = 231 kg.

Et si on fait la même opération chaque jour, en additionnant les poids, on trouvera le résultat total.

Ces additions multipliées donnent :

26 724 319 kilogrammes. C. Q. F. D.

On comprendra plus facilement en se reportant à la courbe ci-jointe.

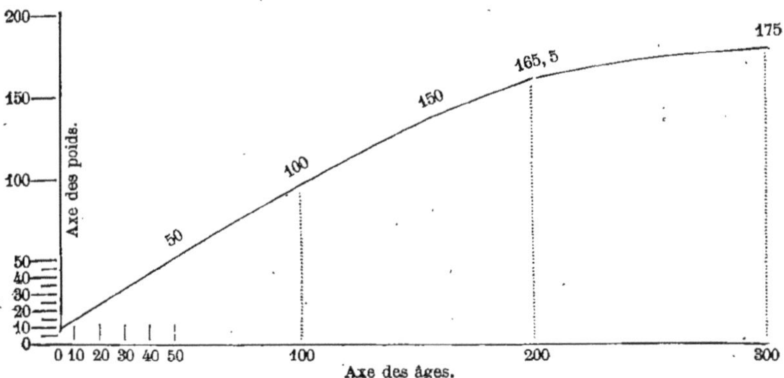

Voici maintenant la solution algébrique :

Supposons que nous prenions pour axes de coordonnées l'âge et le poids du brochet, en prenant pour abcisses l'âge et pour ordonnées le poids ; pour satisfaire à la dernière condition du problème, on peut représenter la relation qui lie l'âge au poids sous forme parabolique, parabole qu'on prendra, pour plus de simplicité, rapportée à son axe et à la tangente au sommet ; son équation sera :

en appelant p le poids et a l'âge : $\Big\}$ (1) $p^2 = 2\,ka$

k le paramètre déterminé par la condition que, à l'âge de 109575 jours, le brochet pèse 175 kilos.

On a donc :

$$(2)\quad 175 = 2k\,109575$$

d'où on tire la valeur de k :

$$(3)\quad k = \frac{\overline{175}^2}{2 \times 109575}$$

Ceci posé, il suffira d'additionner les différentes ordonnées qui représentent les poids, de multiplier par 2 pour avoir le poids total de poisson mangé ; en un mot, il faudra faire la somme représentée par :

$$2 \sum_{p=0}^{p=175} p$$

Mais, d'après l'équation (1) de la parabole, on a :

$$p^2 = 2\,ka$$

ou bien :

$$p = \sqrt{2\,ka}$$

Donc :

$$(4) \qquad 2 \sum_{p=o}^{p=175} p = \sum_{a=o}^{a=109\,575} \sqrt{2\,ka} = \mathrm{S}$$

En appelant S la somme cherchée, on peut faire sortir du signe Σ la quantité $\sqrt{2\,k}$ qui est constante, donc :

$$\mathrm{S} = 2\sqrt{2\,k} \sum_{a=o}^{a=109\,575} \sqrt{a}$$

Or $2\sqrt{2k}$, en remplaçant k par sa valeur tirée de l'équation (3)

$$k = \frac{\overline{175}^2}{2 \times 109\,575}$$

donne :

$$\sqrt{\frac{2 \times \overline{175}^2}{2 \times 109\,575}} = 2 \times \frac{175}{\sqrt{109\,575}} = \frac{350}{\sqrt{109\,575}}$$

On aura donc :

$$\mathrm{S} = \frac{350}{\sqrt{109\,575}} \,[\sqrt{1} + \sqrt{2} + \sqrt{3} \ldots \text{ etc. etc.}, + \sqrt{109\,575}$$

C. Q. F. D.

Et maintenant que le problème est résolu à la satisfaction générale, nous ajouterons que le squelette du monstre de Mannheim, examiné par des naturalistes ichtyologues incrédules, a été reconnu pour une mystification; les bons Allemands, qui falsifient tout, avaient ajouté des vertèbres ayant appartenu à d'autres individus du même genre.

CHAPITRE V

LA PERCHE; SES MIGRATIONS — LE GARDON

La perche (*perca fluviatilis*) se distingue par ses deux nageoires dorsales, de couleur violette, dont la première est armée de quinze piquants. Ce poisson, dont les couleurs vives et brillantes tirent sur le vert et sur l'or, est couvert d'écailles dures et dentelées. Trois bandes parallèles d'une teinte foncée zèbrent ses flancs, en partant du dos. La taille de la perche varie entre vingt-cinq et quarante centimètres, et son poids excède rarement trois livres. Cependant, dans les régions du Nord, les proportions et le poids de la perche sont, paraît-il, plus considérables.

La perche, dont la voracité n'est guère moindre que celle de la truite ou du brochet, se nourrit de petits poissons, de grenouilles, d'insectes et de vers ; dans sa rage de gloutonnerie, elle s'attaque même à l'épinoche, qui, hâtons-nous de le dire, lui fait payer cher son audace en la condamnant à mourir de faim. En effet, aussitôt que l'épinoche se sent happée par la perche, elle redresse ses dangereux piquants, et, perforant le palais et la paroi inférieure de la bouche de son ennemie, elle la met dans l'impossibilité absolue de rejeter ou d'avaler sa proie.

« Puisqu'il faut mourir, au moins mourons ensemble, » pense l'épinoche, et ainsi elle se venge en infligeant à son agresseur le supplice de Tantale, compliqué de blessures douloureuses. Pour un *avale-tout* comme la perche, c'est une mort horrible, qui console probablement l'épinoche de la triste fin à laquelle elle est elle-même condamnée.

La perche commence à pondre vers l'âge de trois ans. Quand arrive le printemps, les femelles déposent une grande quantité d'œufs agglomérés entre eux à l'aide d'une matière visqueuse ; ces œufs, de la grosseur d'une graine de pavot, forment au fond de l'eau comme une longue traîne indiquant le chemin qu'a parcouru la mère. La fécondité de ce poisson est considérable ; M. Picot, de Genève, a trouvé neuf cent quatre-vingt-douze mille œufs dans le corps d'une femelle pesant un demi-kilogramme.

Comme la carpe, la perche a la vie dure, et cette circonstance permet de la transporter au loin ; il suffit de prendre pour cela les précautions que nous avons indiquées à l'article *Carpe*.

Au point de vue gastronomique, la chair de la perche est très estimée ; elle est ferme, délicate et saine. Le Rhin fournit les meilleures et les plus renommées.

Pêche de la perche. — Les ustensiles destinés à la guerre contre les perches devront être choisis solides, non seulement à cause de la défense de la perche elle-même, mais à cause des autres poissons que l'appât destiné à la perche pourrait attirer, par suite d'une similitude de goûts.

Nous conseillerons donc une ligne de huit crins dans le haut, six au milieu et de quatre dans le tiers inférieur, sur laquelle on fixera, attachés bout à bout, cinq brins de boyau de vers à soie. Un hameçon nº 5 ou 6, surmonté à 16 centimètres d'un plomb suffisant et une flotte en liège, compléteront le matériel mobile. Le tout sera monté sur une canne pourvue d'un moulinet.

L'appât, composé de n'importe quel petit poisson du genre blanchaille, vivant si cela est possible, descendra à trente centimètres du fond ; car la perche nage presque toujours entre deux eaux.

Lorsque des secousses viendront révéler au pêcheur l'attaque de la perche, celui-ci laissera s'écouler un certain temps avant de piquer, afin que l'hameçon soit bien engagé dans l'œsophage. En agissant autrement, on risque de manquer son coup, parce que la perche a une grande bouche et que l'hameçon pourrait fort bien sortir sans produire aucun effet.

L'aurore et le crépuscule sont les meilleurs moments pour cette pêche, de même que les mois de septembre, octobre, novembre, février et mars, sont les plus favorables. La perche se plaît près des ponts et des moulins ; les haïs, les tournants et les trous lui conviennent également.

On pêche aussi la perche en rôdant, c'est-à-dire en marchant le long de la rivière. On prendra alors une ligne semblable à celle que nous venons de décrire, avec cette différence qu'on supprimera la flotte et qu'on augmentera le plomb. Puis on jettera son appât, composé de deux vers bien purgés,

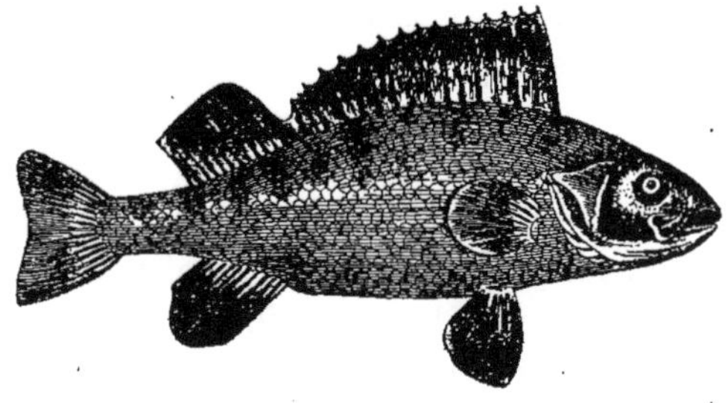

La perche.

et, tout en marchant, on le fera monter et descendre afin qu'il traverse les différentes profondeurs où la perche peut se trouver. Ce système demande une certaine adresse et une assez grande sûreté de main.

Conseil utile : Se méfier des piqûres faites par l'arête dorsale de la perche, et cautériser avec de l'alcali les blessures qui peuvent en résulter.

Le gardon.

La couleur rouge de ses nageoires a valu au gardon (*cyprinus rutilus*) le nom de cyprin rose. Les larges écailles du gardon sont d'un beau noir-vert sur le dos et s'argentent en se rapprochant du ventre, qui est complètement blanc. Ce poisson, qui est très commun en France et surtout dans la Seine, atteint rarement une longueur de vingt-cinq centimètres et pèse au maximum cinq cents grammes. Sa taille moyenne le classe parmi les poissons de friture ; il est, du reste, peu recherché à cause du grand nombre d'arêtes dont sa chair est sillonnée.

Au printemps, les femelles déposent leurs œufs au milieu des herbes; à cette époque, les gardons voyagent et remontent les rivières par petites troupes composées d'une centaine d'individus. Les mâles nagent en tête, puis viennent les femelles, puis encore une nouvelle troupe de mâles. Si un danger ou un obstacle quelconque disperse la bande, elle se reforme un peu plus loin et ne tarde pas à continuer sa route.

Le pêcheur qui tombe sur une migration peut, en quelques heures, remplir son panier.

Pêche du gardon. — La pêche du gardon est une des plus faciles, pourvu que l'on ait soin de se monter finement, c'est-à-dire avec une canne légère et flexible, armée d'une ligne formée d'un seul crin. L'hameçon n° 10 ou 11 sera amorcé avec un ver rouge; la flotte sera légère, et placée de telle sorte qu'il n'y ait qu'une distance de cinquante centimètres environ entre elle et le scion.

Le gardon, quelle que soit sa taille, mord très légèrement; il convient de piquer dès les premières secousses, en ayant soin de ne se servir que du poignet et non de l'avant-bras. Ce dernier mouvement serait trop fort et aurait pour résultat de rompre la ligne ou de déchirer la bouche du poisson, qui serait alors perdu.

Timide et rusé, le gardon s'effraye de tout: une ombre, un bruit, un rien suffisent pour le mettre en fuite; aussi on agira sagement en observant le silence pendant cette pêche et en se plaçant de telle sorte, qu'il ne puisse apercevoir ni l'ombre de son ennemi ni son ennemi lui-même.

Des pelottes de terre grasse, mêlée de son et de crottin de cheval, attireront le gardon à la place choisie; il conviendra d'amorcer ainsi toutes les deux heures.

Il faut pêcher le gardon par un temps calme; autrement le vent et l'eau, agitant sans cesse la flotte, empêcheraient de se rendre compte des touches et du moment où il faut piquer.

CHAPITRE VI

L'ANGUILLE — LANGUILLE DE MELUN — QUELQUES PROVERBES

La forme allongée et cylindrique de l'anguille (*murœna anguilla*), sa souplesse et la rapidité de ses mouvements, lui donnent beaucoup de ressemblance avec le serpent. Cette ressemblance est toute superficielle cependant, car les serpents possèdent des poumons et n'ont pas de nageoires, tandis que les anguilles respirent au moyen de branchies et sont munies de nageoires dorsales et anales réunies entre elles par la queue.

La tête de l'anguille est petite, la mâchoire menue et garnie de dents, ses écailles peu apparentes, excepté lorsque la peau a été séchée; enfin son corps est si visqueux, qu'il échappe facilement à la main qui le saisit; des pores situés le long de la ligne latérale sécrètent cette matière gluante qui est produite en quantité d'autant plus grande que l'anguille est plus gênée. C'est pour cela que nous avons le proverbe: *Qui serre trop l'anguille la perd.*

L'anguille est de couleur brune; celle qui habite les eaux vives est plus claire et tire sur le vert.

La croissance de l'anguille est très lente. Lacépède et Septfontaines nous apprennent qu'elle n'est que de vingt-cinq centimètres tous les dix ans. Cependant, en Angleterre et en Italie, on en trouve qui atteignent un poids de dix-sept kilogrammes. On prétend en avoir vu en Albanie dont le diamètre égalait celui de la cuisse d'un homme. Enfin, en

Allemagne, — les Allemands ont le monopole de toutes les supériorités ! — on en aurait pêché qui étaient longues de quatre mètres. Toutefois le Gange serait le fleuve le mieux partagé au point de vue des grosses anguilles, car des voyageurs rapportent avoir mesuré sur ses bords des anguilles qui avaient dix mètres de long.

Ces anguilles étaient peut-être des canards.

En France, l'anguille d'un mètre à un mètre trente est réputée de belle taille, et son épaisseur ne dépasse guère celle d'un saucisson de Lyon.

La disposition des branchies de l'anguille lui permet de vivre longtemps hors de l'eau ; cela explique l'apparition ou la disparition subite de l'anguille dans des lacs privés de toute communication aquatique. Ce poisson se met en voyage à travers les prés, et, en évitant les lieux secs et ensoleillés, il se livre à de véritables migrations jusqu'à ce qu'il ait trouvé les eaux qui lui conviennent.

L'anguille est très vorace, et pendant ses migrations aussi bien que quand elle est cantonnée, elle cherche toute la nuit les insectes, les vers et les petits poissons dont elle fait sa nourriture. Les grosses anguilles s'attaquent parfois aux jeunes canetons et les avalent sans scrupules.

Mais, par un juste retour des choses d'ici-bas, l'anguille est fort recherchée par tout un monde de consommateurs. Sans parler des loutres, grues, cigognes et hérons, l'homme s'en montre amateur, et c'est un plat recherché qu'une matelote d'anguilles préparée par un cordon bleu. L'expérience apprend à choisir de préférence l'anguille aux couleurs claires et à négliger les noires, qui ne valent pas grand'chose.

La reproduction et la naissance de l'anguille sont entourées d'un mystère qu'on n'a pas pu percer jusqu'à ce jour. Est-elle ovipare, vivipare ou bien ovovivipare ? On l'ignore, et les avis sont partagés. Mais tout le monde est d'accord pour reconnaître qu'elle doit être très prolifique, car elle est très abondante.

Pline raconte que dans le lac Benaco, aux environs de Vérone, les tempêtes qui vers l'automne en bouleversaient les flots roulaient un si grand nombre d'anguilles, qu'on les prenait par milliers. Martini rapporte, dans son dictionnaire, qu'autrefois on en pêchait jusqu'à soixante mille dans un seul jour et avec un seul filet. Redi évalue à deux cent mille le nombre des anguilles qui tombent dans les filets tendus dans l'Arno. En 1872, on en pêcha neuf cent mille kilogrammes dans les marais de Commachio. En Amérique, il arrive que la masse des anguilles arrête les roues de moulin. Près d'Elbeuf, les paysans en prennent de pleins seaux.

L'anguille a donné lieu a beaucoup de proverbes. *Échapper comme une anguille* exprime suffisamment la facilité qu'éprouve ce poisson à se dégager des liens qui l'enserrent.

Écorcher l'anguille par la queue, c'est entreprendre un travail à l'envers ; c'est faire passer la fin avant le commencement.

On dit qu'il y a *anguille sous roche* lorsqu'une affaire est mystérieuse.

Rompre l'anguille sur le genou, c'est tenter l'impossible.

Enfin, tout le monde connaît la légende de l'*anguille de Melun qui crie avant qu'on l'écorche.* L'anguille de Melun, ou plutôt Languille de Melun, était un brave bourgeois qui, on ne sait trop pourquoi, se mit en tête de jouer, dans un mystère, le rôle de saint Barthélemy, lequel, comme on le sait, fut écorché de la main du bourreau. Or, quand notre bourgeois vit arriver le bourreau qui devait lui faire subir les derniers supplices, il oublia son rôle et, pris d'une peur terrible, il se mit à crier et à courir tant et tant, qu'il se réfugia chez lui tout d'une traite, et que longtemps encore on put entendre ses cris de frayeur.

Les lois religieuses des Juifs leur interdisent de manger l'anguille, à cause de l'absence apparente d'écailles.

En Tartarie, particulièrement dans les parties qui avoisinent la Chine, la peau d'anguille remplace sans trop de désavantage les vitres des fenêtres. Les Kamtschadales mangent rarement l'anguille, qu'ils réservent à leurs chiens. Enfin la peau d'anguille, remplie de sable, forme une arme redoutable bien connue des malfaiteurs : malheureuse bête à qui la mort ne donne point la tranquillité, et dont la peau, comme celle de l'âne, est prétexte à « batterie ».

PÊCHE DE L'ANGUILLE. — L'anguille se prend rarement à l'hameçon ; néanmoins on peut réussir à en lever avec une ligne à soutenir amorcée de vers rouges.

On emploie souvent un moyen qui est bien simple et qui est surtout bon dans les eaux dormantes. On fait une pelote de vers rouges bien purgés, qu'on plie en quatre et qu'on attache ensemble par le milieu du corps au moyen d'une simple ficelle. Il ne faut ici ni flotte ni hameçon. On jette sa pelote dans l'endroit où l'on pense trouver les anguilles, et lorsque la corde se tendra on rendra bien vite la main, afin que l'anguille puisse avaler tranquillement l'appât. Tirez alors à vous.

On pêche aussi l'anguille à la fouane. On appelle ainsi une sorte de longue fourchette ou harpon à plusieurs branches, qu'on enfonce dans la vase près des herbes de la rive. Cette pêche se fait ordinairement la nuit et aux flambeaux.

Les anguilles ayant moins de soixante-quinze millimètres de longueur doivent être remises à l'eau sous peine d'amende.

Pour retenir une anguille avec la main, une fois hors de l'eau, il n'est qu'un seul moyen: la prendre entre le dessus des doigts et le dessous du doigt médium, en ayant soin de serrer fortement. Pour se rendre compte de ce procédé, mettez votre main droite à plat sur une table; soulevez le doigt du milieu, passez votre porte-plume dessous jusqu'à la naissance des doigts, et vous comprendrez l'effet que cela peut avoir sur une anguille.

Toutefois il convient de ne pas jouer avec la bouche des anguilles, car elles entendent mal la plaisanterie et mordent les imprudents.

Nous décrirons dans la pêche au filet les autres procédés en usage dans la guerre que l'on fait à l'anguille.

CHAPITRE VII

UNE PÊCHE MIRACULEUSE — LA TRUITE — L'OMBRE

Nous avons dit, au commencement de ce livre, que les pêcheurs pouvaient lutter de loquacité avec les chasseurs, et que leurs discours et leurs histoires supportaient avantageusement la comparaison avec ceux de leurs confrères en saint Hubert.

Si tel chasseur a tué un loup de soixante kilogrammes ou un sanglier monstrueux, entouré d'une hécatombe de menu gibier, tel que faisans, perdreaux, chevreuils, lièvres et lapins, soyez assuré que le pêcheur voisin a lui aussi dans son sac quelque aventure merveilleuse, quelque prise extraordinaire.

« Oui, Monsieur, j'ai vu retirer un épervier si plein de poisson, que le bateau coula immédiatement.

— Qu'est-ce que c'est que cela! dit un autre, je me rappelle avoir rencontré un banc de gardons si nombreux et si dru, qu'on les tuait à coups d'avirons.

— Belle affaire, ma foi! Qu'auriez-vous dit si vous aviez pris comme moi des anguilles si grandes, qu'avec la peau on aurait pu recouvrir l'obélisque, comme on recouvre un parapluie de son fourreau!

— Tenez, moi qui vous parle, j'ai fait plus fort, et cela avec un simple petit ver rouge. Ma femme était là,... elle vous le dira quand vous la verrez. C'était au mois de septembre, je ne me rappelle plus l'année; mais ça n'a pas d'importance. Cependant, si vous teniez à savoir la date exacte, vous pourriez la trouver à la troisième pile du pont de Bezons; je l'ai gravée là avec mon couteau, le jour de ma grande pêche,... un couteau que j'ai encore, je vais vous le faire voir... Ah! non, je l'ai oublié. Ça ne fait rien. Figurez-vous que, comme je vous l'ai déjà dit, j'étais tranquillement en train de pêcher dans mon bateau, sous le pont de Bezons... A ma ligne j'avais un petit ver rouge. Je voulais une friture pour le soir. Cependant je dois vous dire que, contrairement à l'usage, j'étais solidement monté. Tout à coup ça mord,... je ferre, toc! un petit coup sec, et j'amène un petit gardon. Je m'apprêtai à le tirer à sec, quand un chevesne s'élance sur mon gardon et le happe. Bon! me dis-je, si ça continue comme ça, j'aurai un joli plat. Je n'avais pas plus tôt dit ces mots, qu'une grande diablesse de perche, qui cherchait aventure, passe par là. Elle voit le poisson qui se débattait au bout de ma ligne, et, pour vider la querelle, elle se jette dessus, l'avale et s'enfuit,... ou du moins essaye de s'enfuir, car j'étais là. Ma femme vous le dira, quand vous la verrez. Je ferre une troisième fois, et je sortais en riant cette folle perchette, lorsqu'une secousse abominable m'arrache presque la canne des mains; je résiste, parce que je m'attendais vaguement à la chose, et enfin, vous me croirez si vous voulez, c'était un brochet, un superbe brochet, qui avait dévoré ma perche. Je le levai, et, le soir, je le préparai moi-même à la sauce bleue; ma femme mit la perche sur le gril, et la bonne fit frire le chevesne.

— Et le gardon?

— Le gardon? Eh bien! mais c'est mon petit garçon qui le garda. Il le mit dans un bocal, où il vit encore. Vous le verrez, si vous venez me voir.

— Et le ver rouge?

— Le ver rouge? Eh bien! ce n'est pas la peine de mentir pour un ver rouge, n'est-ce pas?... Eh bien! franchement, je ne sais pas ce qu'il est devenu. »

Et voilà les histoires que les amateurs de pêche savent se conter entre eux. Ils sont bien convaincus que personne n'ajoute foi à leurs prétendus triomphes; mais ils ne veulent pas être au-dessous de leurs voisins de place, et, à l'heure du déjeuner, ne serait-ce que pour exercer leurs talents oratoires, ils cherchent à émerveiller leur auditoire par le récit de leurs prouesses. C'est alors un *crescendo* sans fin que ces longues narrations; car, naturellement, le dernier qui a la parole tient à éblouir et à faire mieux et plus fort que l'honorable orateur précédent : ainsi l'absurde arrive à son comble, et les histoires ne prennent fin que lorsqu'on renonce à trouver quelque chose de mieux.

Mais il est temps de faire trêve aux choses de l'imagination, de rentrer dans le domaine pratique, et de revenir à la truite.

La truite (*salmo truita*) est, de même que le saumon, le plus complètement denté de tous les poissons : les mâchoires, le palais et la langue sont couverts de plusieurs rangées de dents fines et recourbées.

La longueur moyenne de la truite varie de trente-cinq à quarante centimètres; ses écailles sont très brillantes et toutes petites, vertes et or sur les côtés et tachetées de brun sur le dos. Les nageoires pectorales ont des tons violets; l'anale est mélangée d'or, de pourpre et de gris perle, tandis que la dorsale est semée de taches purpurines; la queue et la nageoire ventrale sont dorées.

Au mois de septembre les truites recherchent, pour la ponte, les petits ruisseaux à fond de gravier et à eaux claires. Elles y déposent leurs œufs, d'un beau jaune orangé, sur de grosses pierres. Ces œufs sont de la taille d'un petit pois.

En général, la truite se plaît dans les eaux courantes, qu'elle remonte aisément, quelle que soit leur rapidité. Elle arrive à franchir les barrages et les cascades, et parvient ainsi jusqu'à de grandes altitudes dans les montagnes. Toujours à la recherche de la fraîcheur, la truite n'aime et ne fréquente que les eaux dont la température ne dépasse pas 18 degrés.

Elle se nourrit de petits poissons, d'insectes, et, plus particulièrement, d'éphémères, de libellules et de diptères, qui volent à la surface des eaux, après lesquels elle s'élance et qu'elle saisit au vol.

D'une voracité presque égale à celle du brochet, la truite détruit, pour sa consommation, une grande quantité de poissons; la blanchaille entre pour beaucoup dans son alimentation.

On comprend aisément qu'un poisson nourri d'une façon si distinguée doive forcément avoir lui-même une chair délicate et fine. C'est ce qui arrive pour la truite; c'est la reine des poissons d'eau douce, et les gourmets la considèrent comme un mets digne de la meilleure des tables. Son poids ordinaire est de cinq cents à huit cents grammes; cependant on en a pêché dans certaines contrées qui pesaient jusqu'à cinq kilogrammes.

Le lac de Genève en nourrit dont la grosseur est phénoménale, et il en est qui refoulent l'eau comme un canot manœuvré par de vigoureux rameurs. Ce sont de vieilles truites qui, grâce aux vastes abîmes du lac, ont su déjouer les ruses de l'homme et éviter ses pièges.

A une certaine époque déjà loin de nous, les Suisses envoyaient chaque année au roi Louis-Philippe, en souvenir de son séjour parmi eux, quelqu'un de ces énormes poissons, pêché tout exprès pour la cour des Tuileries. Le roi ne dédaignait jamais ce présent de ses vieux amis, et quand la belle truite figurait sur sa table, il racontait volontiers les épisodes de son exil en Suisse. La sauce royale faisait passer le poisson, un peu coriace à cause de son grand âge.

PÊCHE DE LA TRUITE. — La truite, quoique vorace, est délicate et défiante; il lui faut donc un appât vivant qui cache complètement l'hameçon. Prenez donc un ver de terre bien purgé et recouvrant un hameçon nº 5 empilé sur boyau de ver à soie; la ligne sera en soie et crin et montée sur une canne solide, pourvue d'un scion assez fort et d'un moulinet à engrenage ou multiplicateur.

Ne mettez pas de flotte à votre ligne, et fixez le plomb à vingt-deux centimètres au-dessus de l'appât.

La place une fois convenablement amorcée avec des vers de terre et du fumier, installez-vous de très bon matin ou au crépuscule, et surtout observez le silence le plus absolu, et cachez-vous si c'est possible. Plus l'eau sera trouble, plus vous aurez de chances de réussir.

A la première secousse de la ligne dévidez le moulinet; mais, lorsque vous sentirez trois ou quatre coups répétés, piquez ferme. La truite est très forte et se débattra avec violence; si vous voulez brusquer et hâter le résultat que vous désirez, vous ne réussirez qu'à casser vos engins et perdre votre ligne.

Le véron, vivant ou mort, est un bon appât à truite. On recherchera les baïs et les tourbillons, où la truite se trouve fréquemment.

On peut aussi traîner l'appât et changer continuellement de place; c'est ce qu'on appelle *rouler* ou *rôder* la truite.

Pêche de la truite.

La pêche à la mouche artificielle réussit également avec la truite, à condition que la ligne soit très forte et qu'elle ait au moins une longueur de trente mètres, afin qu'elle puisse résister aux secousses et aux efforts du poisson.

On emploie aussi des mouches vivantes dont on recouvre l'hameçon. Si on se sert d'une abeille, il faut au préalable retirer l'aiguillon; les hannetons seront privés de leurs élytres, ainsi des autres coléoptères dont on pourrait faire usage.

Les marchands d'ustensiles de pêche vendent, pour la pêche de la truite, un appât artificiel appelé *diable*, qui donne de bons résultats.

Dans bien des pays, les truites se prennent à la main. Des montagnards connaissent exactement les gîtes de la truite, comme certains chasseurs savent où trouver le lièvre, par habitude ou par intuition. Telle pierre, vous disent-ils, doit recouvrir une truite; ils mettent la main dans la cavité indiquée et rapportent la truite, dont quelques-uns peuvent à l'avance prédire le poids et la grosseur. Nous avons connu des pêcheurs de profession qui de cette façon prenaient en quelques heures leurs cinq à six kilogrammes de truites.

La truite saumonée.

La truite saumonée a la chair rougeâtre et tient le milieu entre la truite et le saumon. Elle acquiert jusqu'à soixante-dix centimètres de long, et pèse quelquefois quatre kilogrammes.

Le museau et le dessus de la tête sont noirs; les joues sont d'un jaune mêlé de violet; le ventre et la gorge sont blancs; sur tout le corps sont semées des taches noires.

Les habitudes de la truite saumonée sont les mêmes que celles de sa cousine.

Au mois de mai la truite saumonée quitte la mer et remonte les fleuves et les rivières pour se livrer à la ponte.

On la pêche de la même façon que l'autre, en ayant soin de se munir d'engins encore plus solides. Sa chair est excellente et peut-être plus estimée que celle du saumon.

On en fait un important commerce, qui donne, paraît-il, de beaux bénéfices.

L'ombre (*salmo thymallus*).

Ce poisson, qui doit son nom à la vitesse de sa natation, ressemble beaucoup à la truite. Il se plaît dans les eaux rapides. A part le ventre, qui est d'un blanc bleuté, la couleur de l'ombre est uniformément brune.

L'ombre se nourrit de vers, de mouches et d'insectes. Il fraye à la fin de mai. Son poids dépasse rarement deux cent cinquante grammes; sa chair est saumonée et analogue à celle de la truite.

On pêche ce poisson avec les mêmes ustensiles et les mêmes appâts que la truite. L'hameçon nº 9 sera garni d'un asticot, et sera à trente centimètres du fond. Pas de flotte à la ligne. Piquez à la première morsure.

CHAPITRE VIII

L'ÉPINOCHE (*ASTEROSTEUS ACULEATUS*) — UN POISSON BATAILLEUR

Voici certainement un des types les plus curieux de la grande famille qui habite les eaux. Loin d'être recherchée par les pêcheurs, l'épinoche qui mord à l'hameçon est un sujet de désappointement. On l'appelle vulgairement *savetier*. Non seulement ce poisson est inutile, mais encore il est nuisible : inutile en ce sens qu'il n'est pas comestible et ne peut servir ni d'appât ni de nourriture aux gros poissons ; nuisible, parce qu'il est très avide et qu'il dévore les petits poissons naissants, dont il fait une grande consommation. Baker a vu une épinoche dévorer en cinq minutes soixante-quatorze poissons nouvellement sortis de l'œuf, mesurant chacun de sept à huit millimètres.

La taille de l'épinoche excède rarement sept centimètres. Sa couleur est verte sur le dos et blanche sur le ventre ; outre les trois aiguillons qu'elle porte sur le dos et les deux qu'elle a sous le ventre, l'épinoche est armée comme d'un bouclier formé par des plaques osseuses dont son corps est couvert à divers endroits.

Ainsi que nous l'avons déjà dit, l'épinoche sait se faire respecter même par la perche et le brochet ; aussi, comme elle est très prolifique, elle se multiplie très rapidement et devient un véritable fléau, surtout pour les étangs où on a eu le malheur d'en introduire.

L'épinoche se nourrit de larves, d'insectes et de têtards,

sans préjudice des autres proies qui peuvent se présenter; elle s'accommode des eaux stagnantes aussi bien que des eaux vives.

Au printemps elle pond ses œufs dans un véritable nid, merveille de construction, qu'elle se prépare au fond de l'eau.

A certaines époques ce poisson apparaît par bandes compactes. On raconte qu'à Spalding, ville du comté de Lincoln

Nid d'épinoche.

en Angleterre, on en prit une année des quantités si considérables, qu'un malheureux pêcheur gagna jusqu'à cinq francs par jour, en les vendant aux cultivateurs qui en fumaient la terre. Et cependant ce pêcheur ne les vendait qu'un sou le boisseau.

Le *Magasin pittoresque* a donné jadis sur l'épinoche de curieux détails dont nous extrayons quelques passages:

« Ayant, à différentes reprises, conservé plusieurs de ces petits poissons pendant le printemps et une partie de l'été, j'ai pu faire sur leurs habitudes des observations suivies dont les résultats me paraissent assez curieux. Le vaisseau dans lequel je les tiens d'ordinaire est une auge en bois, de un mètre de largeur, deux de longueur et autant de profondeur. Lorsqu'ils y sont mis pour la première fois, et pendant un jour ou deux, on les voit nager en troupe comme pour faire connaissance avec leur nouvelle habitation.

« Bientôt, dans le nombre, il s'en trouve un qui prétend s'ériger en maître de l'auge, et si quelque autre essaye de s'opposer à sa domination, il en résulte aussitôt un combat furieux. Les deux adversaires tournent rapidement l'un autour de l'autre, essayant de se mordre (et leur bouche est très bien garnie de dents), ou plus souvent encore essayant de se percer de leur aiguillon ventral, qui dans ces circonstances est toujours tendu en travers.

« J'ai vu de ces batailles durer plusieurs minutes avant que la victoire se décidât ; mais quand enfin un des combattants, se sentant plus faible que l'autre, commence à fuir, il est aussitôt poursuivi par son ennemi avec un incroyable acharnement, et cette chasse ne cesse que lorsque les forces de tous les deux sont complètement épuisées.

« A partir de ce moment, il s'opère dans le vainqueur un changement des plus remarquables. Sa robe, qui était d'un vert sale et tacheté, se pare de brillantes couleurs. Le ventre, la gorge et la mâchoire inférieure, prennent une belle teinte cramoisie, et le dos devient vert clair.

« J'ai vu quelquefois trois ou quatre parages de la cuve occupés par autant de ces petits tyrans, qui gardaient leur domaine avec tant de vigilance, que la moindre apparence d'envahissement de la part d'un autre poisson amenait inévitablement un combat.

« L'épinoche, comme presque tous les autres animaux, ne se bat jamais mieux que sur son propre terrain ; aussi, dans presque tous les cas que j'ai observés, celle qui a commis l'invasion a eu le dessous. Si pourtant elle est victorieuse, elle ajoute à son ancien domaine le domaine du vaincu. Celui-ci prend aussitôt des manières et un extérieur conformes à sa nouvelle situation : ses mouvements ont perdu presque toute leur vivacité, et sur sa robe, le pourpre, le vert brillant ont fait place à une teinte olivâtre et tachetée. Au reste, cette humble apparence ne suffit pas pour calmer la colère du vainqueur, qui encore assez longtemps après s'acharne à sa poursuite.

« Les morsures que se font ces rivaux terribles entraînent quelquefois, pour le blessé, la perte de la queue ; non que cette partie soit séparée d'un seul coup, mais parce que la gangrène est souvent la suite des blessures à cet endroit. Celles que font les épines sont peut-être plus dangereuses encore, et j'ai vu, dans ces batailles, un des deux adversaires ouvrir largement le ventre de son rival, qui tombait aussitôt au fond de la cuve et mourait bientôt après.

« Ce qui est étrange, c'est qu'au moment de mourir, le blessé reprend les couleurs que sa défaite lui avait fait perdre; toutefois ces couleurs n'ont pas tout à fait le même éclat ni la même netteté qu'auparavant. »

On prend l'épinoche sans le vouloir, on ne la recherche pas.

CHAPITRE IX

LE SAUMON — L'ANE DE CHÉRIS

Le saumon (*salmo salar*) est un habitant de la mer ; mais, comme au commencement du printemps il a pour habitude de remonter les fleuves et les rivières pour y déposer ses œufs, il entre à ce moment dans la catégorie des poissons d'eau douce. Pendant ces excursions, les saumons suivent un ordre de marche qui ne varie jamais : la femelle la plus grosse de la troupe nage en tête ; derrière elle, et deux à deux, viennent les autres femelles, puis arrivent les mâles et enfin les jeunes saumons. Franchissant digues et cascades, ils parcourent en une heure jusqu'à quarante kilomètres ; leur vitesse est donc comparable à celle d'un train omnibus.

Un obstacle même assez élevé n'arrête pas leur troupe. Prenant appui sur une pierre, le saumon courbe son corps en demi-cercle, et, se redressant tout à coup avec la force d'un ressort, il s'élance jusqu'à une hauteur de quatre à cinq mètres. Son instinct le pousse à s'élever le plus haut possible; aussi lui arrive-t-il fréquemment de s'échouer au sommet de quelque montagne, dans une rigole où l'eau vient tout à coup à lui manquer.

Les côtés du saumon sont bleus vers le haut et argentés dans le bas ; le dos, le front et les joues sont noirs ; une teinte rougeâtre s'étend sur la gorge et le ventre. Les nageoires anales et ventrales sont dorées ; les pectorales ont une bordure bleue; les dorsales sont gris-brun, et la caudale est bleue. Le corps est parsemé sur toutes ses parties de taches noires.

Les saumons ne se reproduisent guère avant l'âge de cinq ans. Lorsque les œufs sont déposés dans les fosses que creuse la femelle et que l'on nomme *frayères*, les vieux retournent à la mer, tandis que les jeunes ne s'y aventurent guère avant d'avoir acquis une longueur de trente centimètres. A l'âge adulte, c'est-à-dire vers cinq ans, le saumon pèse cinq à six kilogrammes. En Suède et en Écosse, on en trouve du poids de quarante kilogrammes.

Le saumon.

Les insectes, les vers et les petits poissons sont les mets de prédilection du saumon. Il se montre friand de mouches; pour s'en procurer il se livre à toute une série d'exercices de gymnastique aérienne, et les saisit au vol.

Le saumon se mange frais, salé et fumé. Sa chair est très estimée; elle est nourrissante et quelquefois même d'une digestion pénible.

PÊCHE DU SAUMON. — Toutes les rivières de France ne plaisent pas également à messieurs les saumons. Le Rhône, la Moselle, la Meuse, la Loire, le Doubs, l'Orne, la Somme, l'Allier et la Saône, leur conviennent particulièrement. On les prend près des barrages en se servant des mêmes ustensiles que pour la pêche de la truite, en ayant soin que tout le matériel soit d'une solidité à toute épreuve. Néanmoins ce poisson se capture plutôt au filet.

Il nous souvient d'avoir vu un pêcheur retirer un saumon du Lot dans des conditions assez curieuses.

C'était près de la jolie petite ville de Libos. Un pêcheur de la localité nommé Chéris était en train de prendre son bain non loin d'un barrage. A cet endroit, le fond de la rivière était assez inégal et présentait des hauts et des bas.

Tout à coup Chéris voit l'eau s'agiter et bouillonner tout près de lui. En quelques brassées, il gagne le haï et voit un superbe saumon dont le ventre touchait le fond. Chéris se jette sur la bête, l'entoure de ses bras et s'efforce de l'entraîner vers la rive. Il avait compté sans son hôte. Le saumon se défend, s'agite, tressaute et fait tant et si bien, que notre homme a besoin de toutes ses forces pour ne pas se laisser entraîner. Enfin le pêcheur a poussé le poisson sur le sable, et là, à sec, une nouvelle lutte s'engage au cours de laquelle Chéris est plus d'une fois maltraité. Pour en finir, il se roule sur le poisson, lui jette dans la bouche ses pleines mains de sable, et il réussit ainsi à le maintenir jusqu'à l'arrivée du secours.

Ce saumon pesait six kilogrammes trois cents grammes; jamais Chéris n'avait fait si belle pêche. Avec le produit de sa vente il acheta un bourriquet sur lequel, les jours de marché, il porte son poisson à la ville.

« C'est égal, dit-il souvent, j'aimerais mieux repêcher mon âne ou ma femme, que recommencer le sauvetage d'un camarade de cette force-là ! »

CHAPITRE X

LE CHEVESNE — LA VANDOISE — L'ABLETTE — LE VÉRON — LA LOCHE — LA BOUVIÈRE — LA LOTTE — LE GOUJON — POISSONS NE MORDANT PAS A L'HAMEÇON : ALOSE, LAMPROIE ÉPERLAN

Le chevesne.

Le chevesne (*cyprinus jeses*), qu'on appelle aussi chevenne ou meunier, est, de tous les poissons d'eau douce, le plus complètement omnivore ; il s'accommode de tout : viande, sang, crevettes, fromage, cerises, asticots, mouches, chenilles, vers rouges, sont pour lui d'excellents mets. La pomme elle-même fait les délices du chevesne, qui partage la passion de notre mère Ève pour la reinette.

Le chevesne fait partie de la famille des poissons blancs ; il est cousin de l'ablette et du véron. Cependant, malgré les liens qui le rattachent au poisson de friture, le chevesne peut parvenir à une taille respectable, et on en a pêché qui pesaient jusqu'à dix livres, quoique le poids moyen soit de un kilogramme.

Les écailles du chevesne sont bleues sur le dos, argentées sur le ventre, et tachées de jaune sur la ligne latérale. Les nageoires sont bleuâtres.

Ce poisson multiplie beaucoup ; néanmoins sa croissance est lente. Il pond aux environs de Pâques, et dépose ses œufs sur le sable dans un endroit peu profond.

Le chevesne se tient rarement dans les eaux calmes ; il

recherche les insectes qui volent à la surface, et on le trouve fréquemment dans les remous formés en aval des barrages et des piles de pont. C'est la providence des pêcheurs, car il mord à toutes les profondeurs et s'arrange de toutes les amorces. On peut même dire que les appâts les moins ragoûtants sont ceux qui lui conviennent le mieux. Si les mouches ne se prennent pas avec du vinaigre, les poissons ne se prennent pas avec des feuilles de roses. Or le sang de bœuf est indiqué pour la pêche du chevesne ; ce n'est pas, avouons-le, une distraction de petite maîtresse, mais les délicats feront ici abstraction de leurs goûts pour obtenir le succès.

PÊCHE DU CHEVESNE. — Prenez une canne moyenne avec ligne en soie écrue terminée par un boyau de ver à soie auquel on fixe un hameçon n° 4 ; la flotte sera en liège et de forme ovale. On peut se servir d'une ligne à moulinet.

Procurez-vous, chez votre boucher, du sang de bœuf que vous ferez verser tout frais dans un seau au fond duquel vous aurez, au préalable, répandu une poignée de sel gris. Certains pêcheurs courageux creusent, dans la terre, une fosse où ils déposent ce sang pendant plusieurs jours, afin de lui donner plus de dureté ; les avantages de ce système sont largement compensés par les dangers et les émanations qu'il occasionne. On peut dire que, de cette gelée en décomposition, il s'échappe une odeur épouvantable qui suffit pour donner la fièvre typhoïde ou le choléra.

Une fois que vous vous serez procuré ce sang de bœuf, vous le placerez dans un filet à mailles fines, lesté de quelque grosse pierre, que vous descendrez dans un haï, sur un fond de trois à quatre mètres. Vous garnirez votre hameçon avec une parcelle de ce même sang coagulé, que vous découperez en morceaux de la grosseur d'une noisette.

Ceci fait, vous attendrez patiemment que les bribes de sang entraînées par le courant attirent les chevesnes, et vous aurez une vraie déveine si votre attente est infructueuse.

Le chevesne a la bouche grande, et il faut avoir le poignet prompt pour le piquer dès qu'il mord. Quoiqu'il se débatte avec moins de violence que le barbeau, il se jette à droite et à gauche et s'enfonce deux ou trois fois dans l'eau. Ne lui cédez pas trop et amenez-le à portée de l'épuisette, afin de le mettre à terre sans danger pour la ligne.

Cette pêche se pratique le matin et le soir; jamais vous ne réussirez dans la journée. Elle dure de juin à septembre et n'est véritablement productive qu'à la condition de la pratiquer en bateau.

Nous ajouterons qu'après une lutte avec un chevesne, le pêcheur devra se reposer un instant, car les soubresauts du poisson capturé ont effrayé les autres amateurs de sang caillé, qui se sont enfuis pour ne revenir qu'au bout de quelques instants.

On prend aussi le chevesne, comme nous l'avons déjà dit, avec des cerises, des mouches, du pain de creton, des vers rouges, du raisin et de la cervelle de bœuf en hiver.

Cependant il est des jours où le poisson ne veut pas mordre, malgré la succulence des appâts qui lui sont prodigués. Ces jours-là, essayez du petit coup suivant, qu'on appelle *le coup de relâchée :*

Lorsque, désespéré et agacé, vous retirerez votre ligne de l'eau, agissez doucement et sans secousse; puis, brusquement rendez la main, et ferrez.

Souvent cette façon d'agir vous procurera un bel et bon chevesne que, par lassitude, vous auriez abandonné. Voici l'explication de ce truc :

Le poisson, sans grand appétit, errait et tournait autour de votre hameçon, peu tenté par un appât immobile. Tout doucement il voit monter l'appât; il le suit et le voit tout à coup retomber; par peur que cette proie lui échappe, il la saisit brusquement, et comme à ce même moment vous ferrez, le glouton est pris... par où il a péché.

La vandoise.

La vandoise (*cyprinus lenciscus*) a été surnommée *dard* à cause de la rapidité avec laquelle elle nage. C'est un poisson svelte, à écailles argentées, dont la taille n'atteint jamais de grandes proportions, — disons vingt-cinq centimètres en moyenne; — son poids est de deux à trois cents grammes au plus. Sa nourriture consiste en vers et en insectes.

La vandoise habite les eaux courantes et est assez commune en France. La ponte a lieu en juin ; ce poisson choisit, pour y déposer ses œufs, les endroits où abondent les herbes.

La chair de la vandoise, comme celle du gardon, est légère et de digestion facile ; cependant la grande quantité d'arêtes dont elle est sillonnée l'empêche d'occuper sur nos tables la place distinguée à laquelle sa finesse lui donnerait droit.

Pêche de la vandoise. — Procédez de la même façon et avec les mêmes ustensiles que pour le gardon ; ayez soin de vous montrer le moins possible, et priez les curieux d'aller se promener plus loin, à moins que vous ne préfériez leur céder la place en toute propriété.

Pour cette pêche on se sert aussi avec succès de la ligne à fouetter et de la ligne à rouler. La première se recommande aux pêcheurs à vue basse et à poignet paresseux ; la seconde, qui n'est que l'extension de la première, atteint jusqu'à trente mètres de longueur, et n'est usitée que dans les cours d'eau peu profonds et rapides, où elle donne d'excellents résultats à cause de la confiance qu'elle inspire au poisson, qui, ne voyant ni homme ni bateau, ne peut soupçonner la scélératesse du pêcheur placé à quelques vingt ou trente mètres.

L'ablette.

L'ablette (*cyprinus alburnus*) abonde dans tous les cours d'eau. Ce petit poisson, à tête petite et pointue, ne dépasse jamais quinze centimètres de long ; son dos est bleu-vert, et ses flancs sont d'une jolie couleur gris-perle mêlée de reflets argentés.

Les écailles de l'ablette servent à faire l'essence d'Orient avec laquelle on imite si bien les perles. Par le frottement, on sépare des écailles la matière nacrée dont elles sont recouvertes ; on obtient ainsi des lamelles que l'on amollit en les plongeant dans l'ammoniaque. Ces lamelles, une fois rendues flexibles, s'appliquent aux parois internes des boules de verre au moyen d'un chalumeau et par insufflation.

On laisse sécher les globules ainsi préparés ; on coule

ensuite de la cire fondue pour donner du poids et de la solidité, et... on obtient ainsi une fausse perle de la plus belle eau.

L'ablette fraie en mai et juin et se multiplie beaucoup. Elle se plaît dans les eaux vives et gagne la surface dès qu'une crue se fait sentir ou quand la température est douce.

PÊCHE DE L'ABLETTE. — L'ablette se prend tout le long de la journée, depuis le mois de mars jusqu'en novembre.

La ligne destinée à cette pêche doit être en crin très fin; on lui donnera quatre mètres de longueur. Comme la bouche de l'ablette est étroite, on se servira d'hameçons irlandais très petits, les nos 16 et 17, par exemple, que l'on empilera sur un seul crin. Un plomb no 4 et une flotte légère compléteront l'outillage. On choisira de préférence, pour la pêche de l'ablette, un courant modéré sur un fond de un mètre à un mètre cinquante, bien amorcé avec du crottin de cheval mêlé de vers ou de sang caillé. On disposera la flotte de manière que l'hameçon soit à environ cinquante centimètres au-dessous de la surface, et on le recouvrira avec un asticot.

L'ablette a l'ouïe très fine et ne mord que doucement; il convient de piquer au premier mouvement de la flotte. Le coup sera sec sans être trop dur, car le poisson a la bouche tendre, et on risquerait de la déchirer.

On peut aussi pêcher l'ablette avec une petite mouche qu'on laisse flotter à fleur d'eau; dans ce cas, on ne mettra ni plomb ni flotte, et la ligne sera aussi légère que possible.

La chair de l'ablette est molle et peu savoureuse; elle forme la base des fritures que les Parisiens vont manger le dimanche dans les guinguettes des bords de la Seine, où on la sert aux consommateurs peu connaisseurs, sous le nom de goujon.

Le véron.

Le véron (*cyprinus proximus*) est encore plus petit que l'ablette. Avec l'épinoche, c'est le plus exigu des poissons; sa longueur ne dépasse pas huit centimètres. Le corps du véron est bariolé et tacheté de couleurs diverses; les nageoires sont agrémentées de rouge. Il aime les eaux courantes à fond de sable. Dès qu'il est sorti de l'eau il meurt. La ponte du véron a lieu en juin.

Ce poisson, qui ne vaut pas la friture dans laquelle on le fait cuire, est abondant dans toutes nos rivières de France. Nulle part il ne donne lieu à une pêche spéciale, et il ne sert guère que d'appât pour le brochet ou la perche. Néanmoins ceux d'entre nos lecteurs qui seraient tentés d'essayer de cette pêche y réussiront en se servant des engins destinés à l'ablette.

La loche; la bouvière.

La loche (*cobitis*) a un corps de forme cylindrique couvert de taches grises; la tête est petite; la bouche, peu fendue, est plus apte à la succion qu'à la préhension. Les écailles de la loche, à peine visibles, sont enduites d'une matière visqueuse. Ce poisson ne dépasse guère la taille du véron; il fréquente les endroits qu'habite le goujon.

On compte deux espèces de loches : la loche franche, remarquable par les six barbillons qui ornent sa lèvre supérieure, et la loche de rivière, qui n'a que deux barbillons à la lèvre supérieure et quatre à l'autre.

La loche, dont la chair est très estimée, ne se prend point à la ligne.

Il en est de même de la bouvière (*cyprinus amarus*), que l'on nomme vulgairement *péteuse*. La petite taille (six centimètres) et la chair amère de la bouvière en font un objet de mépris pour les pêcheurs. C'est un poisson à grandes écailles, jaune et vert sur le dos, argenté sous le ventre; il est presque transparent.

La bouvière habite les eaux courantes et claires et affectionne les fonds de sable. On l'utilise comme amorce pour la pêche de la perche.

La lotte.

La lotte (*gadus lota*) ressemble beaucoup à l'anguille. Comme celle-ci, son corps est long et de forme cylindrique; ses écailles sont petites et recouvertes d'une viscosité qui rend ce poisson difficile à saisir.

La bouche de la lotte est armée de sept rangées de dents; un barbillon pend à la lèvre inférieure. Le corps est brun et plus clair en dessous.

La lotte habite les eaux courantes; elle se creuse un trou, où elle se blottit; de là, elle happe au passage les petits poissons que son barbillon attire.

Ce poisson fraie en décembre; il multiplie beaucoup, et sa croissance est rapide. Sa longueur varie entre trente et soixante centimètres. Sa chair est blanche et fine, son foie très recherché. Ses œufs sont purgatifs.

Ce poisson, qui a la vie très dure, ne se prend qu'aux filets.

Le goujon.

Le goujon (*cyprinus gobio*) ! A ce seul mot, les amateurs de friture se pourlèchent les badigouinces et font amoureusement claquer leur langue sur leur palais de gourmand. Il est petit le goujon, mais quel charmant poisson et quelle chair délicate! Bleu sur le dos, avec des taches régulièrement espacées, il a le ventre blanc et porte deux barbillons qui accompagnent ses lèvres.

La grandeur moyenne du goujon est de dix centimètres.

Tous les cours d'eau lui donnent asile; il est aussi bien l'hôte des ruisseaux que celui des fleuves, et certaines petites rivières en sont remplies. Cependant les fonds de vase lui répugnent; il lui faut le sable, dans lequel il trouve les vermisseaux dont il fait sa nourriture. Le goujon a presque toujours la tête tournée vers le sable où il cherche sa pâture.

Pêche du goujon. — Choisissez tout d'abord un fond de sable, et donnez à votre ligne cinq centimètres de plus en longueur que vous n'aurez de profondeur d'eau. La ligne sera en crin avec flotte en plumes et hameçons nº 12 si vous pêchez au ver rouge, et nº 14 si vous vous servez d'asticots. Deux plombs nº 4 suffiront à assurer votre ligne.

Vous attirerez le goujon en remuant le sable du fond au moyen d'une perche. On pêche surtout ce poisson du mois d'août au mois d'octobre. Cependant, ami lecteur, si vous jouissez d'une santé robuste; si vous ne reculez pas devant les rhumatismes et l'onglée; si votre gorge et votre poitrine sont à l'épreuve du froid, vous réussirez en décembre, surtout dans les jours les plus rigoureux. Ayez soin de vous poster près d'un bateau-lavoir ou d'un établissement de bains froids ; car le goujon recherche le voisinage de ces abris, qui rompent la force du courant.

Dans la pêche au goujon, le pêcheur n'a, pour ainsi dire, aucune surveillance à exercer, car ce poisson se prend seul; dès qu'il tient l'amorce, il tire avec force et se pique de lui-même.

Comme tout pêcheur doit être un peu cuisinier, nous nous permettrons de donner en passant un conseil à nos lecteurs : gardez-vous de rouler le goujon dans la farine avant de le frire; d'un manger succulent vous feriez une sorte de beignet à saveur douteuse et infiniment moins délicate que celle de la chair du poisson.

Poissons ne mordant pas à l'hameçon : alose, lamproie, éperlan.

L'alose (*clupea alosa*) appartient au sous-genre du hareng et lui ressemble beaucoup pour la forme. Ce poisson est un habitant des mers, qui ne remonte dans les fleuves qu'au printemps, pour déposer son frai ; ce devoir accompli, il retourne à la mer.

L'alose est blanche sur les côtés et verte sur le dos ; ses écailles sont grandes et pointues. Elle pèse au plus deux kilogrammes, quoiqu'elle atteigne parfois un mètre de longueur. C'est un carnivore qui vit aux dépens des faibles.

D'un goût agréable, la chair de l'alose est estimée des connaisseurs ; cependant elle est remplie d'arêtes.

La pêche de l'alose ne se fait qu'aux filets, par une nuit

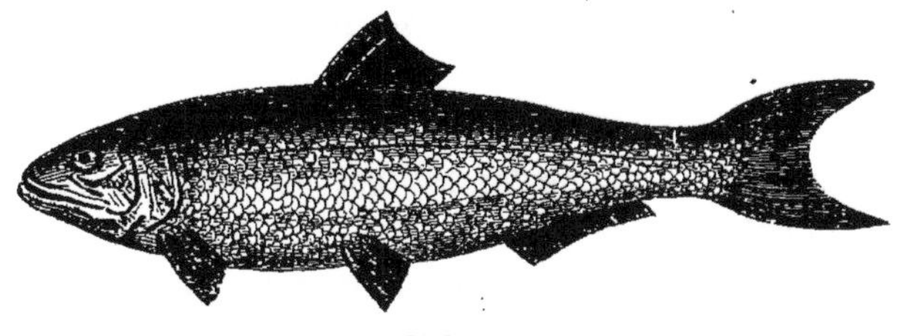

L'alose.

obscure, lorsque l'eau est trouble. On emploie pour l'alose les nasses, la seine et les verveux ; la ligne ne réussirait jamais avec ce poisson.

La lamproie (*petromyzontes maximus*) ressemble au serpent ou à l'anguille ; sa bouche est arrondie et garnie de plusieurs rangées de dents ainsi que sa langue, qui, agissant comme le piston d'une machine pneumatique, a la faculté d'exercer de fortes succions. C'est grâce à cette particularité qu'on trouve parfois des lamproies fixées par la bouche à de

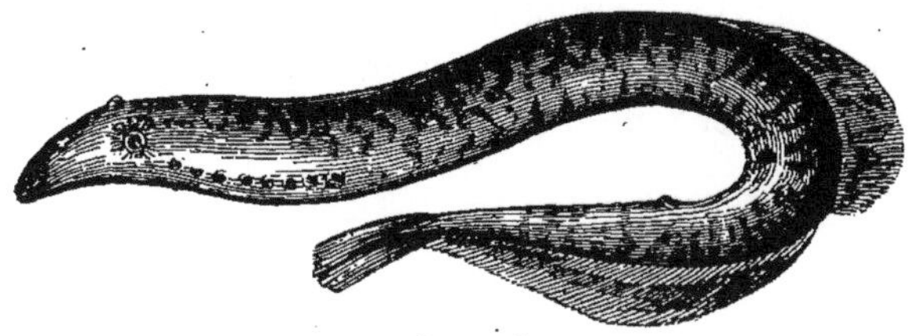

La lamproie.

grosses pierres, à des poutres ou même au corps de gros poissons.

Le corps de la lamproie est marbré de bleu, de vert, de jaune et de brun ; il est visqueux et glissant. De chaque côté de la tête on remarque sept trous, qui composent l'appareil respiratoire. Sa taille atteint parfois un mètre.

Ce poisson, à l'aspect peu engageant, habite la mer, qu'il ne quitte qu'au mois de mars pour frayer.

Jadis les Romains, qui estimaient beaucoup la chair des

lamproies et des murènes, les élevaient dans des viviers où des esclaves leur servaient de nourriture. C'est un manger recherché, quoiqu'il soit d'une digestion difficile.

La conformation de sa bouche empêche la lamproie de mordre à l'hameçon. On la pêche, comme l'anguille, avec des nasses et des verveux.

L'éperlan (*salmo eperlanus*) est un poisson très abondant à l'embouchure des fleuves; il a une forme allongée, et sa robe, pétrie d'argent, est remarquable de transparence. Sa tête est petite et trouée de deux grands yeux. Les plus grands éperlans n'atteignent pas quinze centimètres de long. Sa nourriture consiste en vers aquatiques et en petits mollusques.

Ce poisson, à l'instar d'Alexandre de Macédoine, répand autour de lui une odeur de violette. Du reste, sa chair est exquise, et une friture d'éperlans bien frais est loin d'être à dédaigner.

Cette friture, ami lecteur, vous ne la prendrez pas à la ligne; car l'éperlan, méfiant et rusé, s'en moque et s'en détourne. C'est aux nasses, à l'échiquier et à la senne que vous devrez avoir recours si vous tenez absolument à manger des éperlans pris par vous-même; pour nous, nous vous conseillerons tout simplement d'acheter aux halles ou au marché les éléments de votre friture, ce qui vous donnera moins de mal et tout autant de plaisir.

CHAPITRE XI

LA GRENOUILLE — L'ÉCREVISSE — LA PÊCHE A LA BOUTEILLE — RÈGLES DE TIR POUR LA CHASSE DU SAUMON ET DE LA TRUITE — PÊCHE AU GRELOT — LE JOUEUR DE CLARINETTE

La grenouille.

Par la qualité de sa chair, la grenouille (*rana*) mérite une place dans un traité de pêche. Elle se prend à la ligne, à la main, à la trouble, au râteau et au fusil.

Beaucoup de personnes ont pour la grenouille une certaine répulsion, à cause de sa ressemblance avec le crapaud. C'est là un préjugé qu'il est bon de combattre, car la grenouille n'a rien de commun avec le crapaud. Celui-ci, au surplus, en dépit de son aspect, n'a rien de répugnant; c'est un ami de l'homme, dont il protège les jardins contre les animaux parasites. Les Anglais, qui nous appellent *monsieur Frog,* ou *Frogeaten,* n'ont aucune idée préconçue contre les crapauds, qu'ils introduisent et acclimatent dans leurs jardins.

La grenouille est vive et alerte; elle fait de très grands sauts et nage avec rapidité. Ses mouvements ont une certaine analogie avec ceux de l'homme.

Le museau de la grenouille est pointu; ses pattes de derrière sont longues; ses yeux, gros et brillants, sont cerclés d'or.

La grenouille fréquente les mares; elle se tient au fond ou à la surface, sans jamais nager entre deux eaux. Le plus souvent on la voit assise sur une pierre au bord de l'étang, dans lequel elle pique une tête au moindre bruit.

Le matin et le soir les mâles font entendre leur chant, connu sous le nom de coassement. Ils produisent ce bruit en lâchant brusquement par la bouche l'air qu'ils ont emmagasiné dans deux poches qui se trouvent à droite et à gauche du cou. La femelle se contente de grogner, sans se livrer à de grands éclats de voix.

La grenouille se nourrit d'insectes, de larves et de vers; elle ne s'attaque qu'aux proies vivantes. Elle a la vie très dure, et possède un système nerveux très développé. Comme chez l'écrevisse, les membres arrachés repoussent d'eux-mêmes. Lorsque le froid s'accentue, la grenouille se terre et cherche un refuge dans la vase; comme la marmotte, elle s'engourdit et ne mange plus.

Au printemps, les femelles pondent des œufs noirs d'un côté et blancs de l'autre. Ces œufs donnent naissance à des *têtards* informes, qui par la suite se transforment et deviennent grenouilles.

On distingue deux espèces de grenouilles : la grenouille commune et la grenouille rousse. Cette dernière passe son été hors de l'eau et fréquente les endroits boisés et humides, les prés et les herbages. En hiver elle gagne les étangs, mais elle ne s'envase pas. Elle ne coasse pas.

PÊCHE DES GRENOUILLES. — La grenouille se pêche avec une ligne amorcée d'insectes vivants; un morceau de cœur de bœuf ou de drap rouge remplace avantageusement l'insecte. Il faut, pour réussir dans cette pêche, observer le plus grand silence.

La nuit, aux flambeaux, les grenouilles se laissent prendre à la main dans leurs trous.

On se sert aussi d'un râteau, à l'aide duquel on amène à terre la vase des mares; on prend alors les grenouilles qui s'y trouvent mêlées. Cette pêche ne se pratique qu'en hiver, lorsque ces animaux sont *vasés*.

Quelques amateurs se servent aussi d'une grenouille vivante, qu'ils placent dans un verre au bord d'un étang; ils recouvrent le verre d'une pierre, et le captif (car il faut choisir une grenouille mâle) fait entendre des coassements plaintifs qui ne manquent pas d'attirer ses congénères, que l'on prend à l'aide d'un filet.

Les grenouilles.

Les grenouilles se chassent à la carabine ; mais cette chasse est loin d'être productive, à cause de la vitalité de la grenouille, pour laquelle il faut généralement plusieurs plombs.

L'écrevisse.

« L'écrevisse (*astacus fluviatilis*) est un petit poisson rouge qui marche à reculons, » disait jadis un dictionnaire célèbre. Nous qui ne sommes pas chargés de la rédaction des encyclopédies officielles, nous nous contenterons d'insinuer que l'écrevisse n'est pas un poisson, qu'elle n'est pas rouge, et qu'elle ne marche pas à reculons.

C'est un crustacé à dix pattes, de couleur grise, dont la forme est suffisamment connue pour qu'il soit inutile de la décrire minutieusement ici ; aussi nous bornerons-nous à faire ressortir quelques-unes de ses particularités les plus saillantes.

L'œil de l'écrevisse, en forme de demi-globe, peut, au gré de son propriétaire, sortir de la cavité qui le contient ou y rentrer. Dame Nature a dû accorder cette faculté à l'écrevisse, afin qu'elle pût ainsi mettre à l'abri de ses ennemis la seule partie de son corps qui ne soit pas abritée par une cuirasse calcaire ou test.

Les anneaux qui forment la queue de l'écrevisse sont garnis de filets qui tapissent toute la partie inférieure; ces filets sont, pour les soupeurs, le garde-manger de l'avenir; c'est là que la femelle accroche ses œufs. L'œuf, au moment de la ponte, est attaché par une sorte de fil auquel il reste suspendu jusqu'à ce que la femelle, en repliant fortement sa queue, le fixe à l'un des filets en question, où il reste jusqu'à son éclosion. Ces œufs, d'un brun rougeâtre, forment bientôt une grappe d'où sortent les petits au bout d'une douzaine de jours. Les mâles sont, eux aussi, pourvus de filets; mais on ignore jusqu'à présent l'usage qu'ils en peuvent faire.

Chaque année les écrevisses s'habillent à neuf. Vers la fin du printemps, poussées par une coquetterie bien naturelle et aussi par la croissance, elles dépouillent leur enveloppe et restent quelques jours nues et sans protection; au bout de ce temps, un nouveau test vient remplacer l'ancien, et l'écrevisse peut de nouveau circuler sans être exposée à la voracité de ses ennemis.

Toute écrevisse est médecin, et se soigne elle-même beaucoup mieux que ne pourrait le faire n'importe quel docteur de faculté. En effet, ceux-ci n'ont encore trouvé que la jambe de bois pour remplacer les jambes perdues à la bataille, et les manchots en sont encore réduits aux bras articulés. Eh bien! l'écrevisse fait mieux : elle remplace par un membre neuf celui qu'un accident lui a fait perdre. En effet, comme ceux du lézard et de la grenouille, les membres de l'écrevisse repoussent et se renouvellent d'eux-mêmes après amputation. La queue cependant fait exception; trop d'organes essentiels y sont contenus pour que leur absence, même momentanée, ne soit pas fatale. L'ablation de la queue est donc toujours mortelle.

Les écrevisses habitent les ruisseaux et les rivières; on en trouve aussi dans les lacs et les étangs, mais elles sont d'une qualité inférieure à celles que l'on pêche en eau vive.

Les insectes, les vers, les poissons morts, les chairs en putréfaction, en un mot, tous les détritus organiques, con-

Écrevisses mâle et femelle.

viennent à l'écrevisse. Ce crustacé, à la chair si fine, ne se nourrit que de charogne. L'hiver, les écrevisses font leur carême, se cachent dans un trou et jeûnent pour racheter leurs péchés. Ce n'est guère que vers la quatrième année de leur âge que les écrevisses sont présentables, c'est-à-dire bonnes à manger.

Malheureusement on fait à ces ornements de nos festins une guerre si acharnée, que nous devons craindre d'en voir bientôt s'épuiser la race. Les buissons, les bisques et les tourtes auront dépeuplé rivières et ruisseaux. Les joyeux soupeurs ne verront plus sur leurs tables les gaies couleurs du crustacé mêlées au vert tendre du persil; les vol-au-vent prendront le deuil, et les potages seront veufs.

Les écrevisses disparaissent. La disette est telle aujourd'hui, que certains restaurateurs parisiens sont forcés de nourrir dans leurs établissements des spécimens de l'espèce, beaucoup moins savoureux que ceux des eaux vives.

On a tenté un repeuplement qui n'a réussi qu'en partie.

La Société d'aquiculture et une commission qui se réunit au ministère des travaux publics discutent gravement la question de la préférence à accorder aux écrevisses à pattes grises ou à pattes rouges; malheureusement il passera beaucoup d'eau dans les rivières avant qu'on arrive à un accord souhaité par tous les gourmets de France.

En attendant, profitons des dernières écrevisses qui nous restent, et voyons comment on doit s'y prendre pour pêcher les éléments d'un buisson.

PÊCHE DE L'ÉCREVISSE. — Voici ce qu'on pourrait appeler le B, A, BA de la pêche. Point n'est besoin d'être versé dans la science du pêcheur pour réussir à prendre un panier d'écrevisses; le premier maladroit venu, une dame même, — et Dieu sait si elles s'entendent à *pêcher* (avec un accent circonflexe), — pourront dépeupler un ruisseau en quelques jours.

L'écrevisse se pêche le jour et la nuit.

On soulève les pierres qui tapissent le fond de l'eau, et l'on n'a qu'à cueillir sa proie, en ayant soin de la prendre par le milieu du corps pour éviter d'être pincé. Mais cette pêche oblige à se mettre à l'eau jusqu'aux genoux, et ce demi-bain n'est pas du goût de tout le monde; aussi allons-nous indiquer à nos lecteurs douillets un autre moyen de se procurer l'écrevisse sans se mouiller les pieds.

Prenez donc un cerceau en fil de fer de cinquante centimètres de diamètre; garnissez-le d'un filet bien tendu, et attachez au cerceau trois ficelles que vous fixerez à un long bâton. Vous aurez ainsi obtenu un instrument qui rappelle la forme d'un plateau de balance. Comme appât vous placerez au centre du filet une grenouille écorchée ou un vieil os de gigot maintenu par une ficelle; ajoutez une pierre pour lester votre appareil, et descendez-le dans le lit du ruisseau, près du bord, entre quelques grosses pierres. Inutile de vous presser de relever votre engin : l'écrevisse est vorace et s'attèle à sa proie; une première, puis une seconde, puis dix, puis quinze viendront déjeuner à vos dépens, et vous n'aurez que la peine de les ramasser.

Avec huit à dix balances, dans un ruisseau peuplé, on prend en une heure ses deux cents écrevisses.

On pêche aussi l'écrevisse au fagot.

On prend alors un fagot de menues branches d'arbres rameuses et tortues; on desserre les liens, et on introduit dans le milieu des tripes et des viandes puantes. Puis on leste d'un pavé, et on jette le tout au fond de l'eau. Quelques heures après, le fagot sera rempli d'écrevisses.

Il est une petite plaisanterie à laquelle se livrent quelquefois les amateurs de gaieté. Elle consiste à servir, au milieu d'un buisson convenablement préparé, quelques écrevisses vivantes dont on a teint le test en rouge au moyen d'un peu d'acide nitrique dilué. Le résultat de cette farce est invariable; une fois sur la table, les écrevisses vivantes s'agitent et démolissent l'édifice artistement arrangé, le tout à la plus grande joie des convives, petits et grands, qui applaudissent à cette heureuse idée.

La pêche à la bouteille.

Les personnes d'un tempérament calme et ennemi des émotions, les amateurs de lecture et de repos, pour lesquels tenir une ligne est une fatigue et un assujettissement, trouveront dans la pêche à la bouteille le *nec plus ultra* de leurs *desiderata*.

Cette pêche, assez amusante, ne demande pas de grands préparatifs, et point n'est besoin d'aptitudes spéciales ou de connaissances particulières pour y réussir. Il suffit de se procurer une bouteille en verre blanc de cinquante centimètres de hauteur sur vingt-cinq de diamètre; le goulot sera court et n'aura que six centimètres de diamètre. Le fond sera semblable à celui des bouteilles ordinaires à cette exception près, que sa partie renflée sera percée d'un petit trou de trois centimètres de largeur.

La bouteille sera bouchée d'un bouchon ordinaire, traversé dans sa longueur par une plume ou par une forte paille. On attachera une ficelle au goulot; puis, après avoir mis quelques pincées de son dans la bouteille, on la placera au fond de l'eau, par deux ou trois pieds de profondeur, en tournant l'ouverture vers le côté d'où vient le courant.

Il se passera souvent un temps assez long avant que la bouteille reçoive la moindre visite ; mais on peut affirmer que dès qu'un imprudent y sera entré, la foule du fretin ne tardera pas à suivre son exemple, et, une fois dans la bouteille, il est aussi difficile d'en sortir que d'une nasse.

Il va de soi que ce genre de pêche n'est applicable qu'aux petits poissons, tels que goujon, vérons, ablettes ou jeunes anguilles.

Pour retirer le poisson de la bouteille, on la débouche, et on place ensuite les captifs dans un seau d'eau fraîche, que l'on renouvelle fréquemment.

Règles de tir pour la chasse du saumon et de la truite.

Nous empruntons à MM. René et Liersel la méthode de tir qu'ils ont publiée dans leur *Traité de la pêche*[1].

« Pendant toute la durée des chaleurs, la truite, le saumon, l'ombre, le chevesne et quelquefois le brochet chassent, à la surface, les mouches qui voltigent au-dessus des eaux. Souvent ces poissons, et surtout la truite, se tiennent comme endormis entre deux eaux, c'est-à-dire à trente ou quarante centimètres de profondeur. Le chasseur qui a parcouru vainement la plaine, battu les buissons, et qui revient avec son carnier vide, avise tout à coup, en longeant quelque petite rivière, une magnifique truite qui paraît endormie; du moins elle ne fait pas le moindre mouvement. L'eau est claire; le chasseur croit la truite tout près de la surface. Une idée lumineuse traverse son esprit. Son fusil, qu'il n'a pas eu l'occasion de décharger sur les hôtes des bois, est tout préparé; il épaule son arme, il vise longtemps, car la truite ne

[1] Théodore Lefèvre et Cie, éditeurs, à Paris, rue des Poitevins.

bouge toujours pas. Le coup part; mais le poisson, qui n'a pas été atteint, s'élance comme un trait et disparaît.

« Notre chasseur n'y comprend rien : lui, dont le coup d'œil est si juste, manquer, à quelques pas, un poisson immobile! Cette déconvenue vient encore ajouter à ses infortunes de chasse.

« Si notre chasseur avait connu la loi des réfractions, il n'aurait pas manqué la truite. Il aurait su qu'un rayon de lumière passant obliquement d'un milieu dans un autre, par exemple de l'air dans l'eau, éprouve une déviation, ou, en d'autres termes, se plie, pour ainsi dire, en entrant dans un autre élément, et forme un angle. Vous croyez, par exemple, voir le poisson près de la surface de l'eau, tandis qu'il est beaucoup plus bas.

« Un autre obstacle se présente comme pour dérouter le chasseur de poisson; c'est que le plomb, en frappant l'eau, décrit une courbe.

« En tenant compte de ces circonstances, on devra tirer en avant une fois et demie la longueur du poisson, savoir : une fois sa longueur pour la fausse apparence produite par la réfraction, et le reste pour la courbe que décrit le plomb. Encore l'étendue de cette courbe sera-t-elle un peu modifiée par la profondeur où se trouve le poisson, mais pas assez cependant pour faire manquer le coup, pour peu qu'on ait acquis quelque expérience dans cette chasse, où l'on doit tirer au juger. »

La pêche au grelot.

La pêche au grelot est une variété de la pêche à la ligne de fond. Elle offre, entre autres avantages, celui de permettre au pêcheur de se livrer aux douceurs de la rêverie ou aux charmes de la lecture, sans se préoccuper du poisson, qui le prévient de sa visite par un coup de sonnette, ou plutôt de grelot. C'est ainsi, du reste, que cela doit se faire entre gens bien élevés; on n'entre pas sans frapper, encore moins sans sonner.

M. Moriceau est l'inventeur d'un instrument, qui présente

une grande supériorité sur les autres systèmes employés pour la pêche au grelot. Il se compose d'une ligne montée sur un piloir en forme de poulie horizontale, et tournant sur un piquet qu'on enfonce en terre. Ce piloir contient de vingt-cinq à trente mètres de cordeau, se déroulant à mesure que le poisson, qui a mordu à l'hameçon, s'éloigne et veut gagner le large. A chaque tour du piloir celui-ci, au moyen d'une vis placée dans sa partie inférieure, ébranle un ressort, qui à son tour fait vibrer un grelot avertisseur. A ce moment, le pêcheur, prévenu que le poisson mord, prend sa ligne en main et s'assure de sa capture avec les précautions ordinaires.

Si le même pêcheur dispose sur la berge plusieurs piquets à grelots, il devra faire en sorte que ces grelots aient chacun un son différent et connu de lui; autrement il ne saurait à quelle ligne il doit donner ses soins.

Jadis, avant la fatale guerre de 1870, on pouvait, moyennant une faible rétribution, pêcher à la journée dans les étangs de Commelle. Une véritable armée de permissionnaires débarquait tous les dimanches à Orry-la-Ville, et gagnait les étangs en traversant la forêt de Chantilly. Chacun courait pour s'assurer une bonne place, et bientôt lignes dormantes et lignes à grelots étaient installées dans les bons endroits.

Un beau jour, des bruits étranges réveillèrent les échos de la forêt.

« Qu'est-ce que c'est que ce vacarme? fit un gros pêcheur qui était en train d'inspecter ses grelots. Le diable m'emporte! si ça ne finit pas bientôt, je vais m'arranger pour que ça cesse, » ajouta le gros homme, rouge de colère.

Or le bruit qui énervait tant notre homme était produit par une clarinette dans laquelle un individu, long et mince, s'évertuait à souffler. Le virtuose semblait ravi de sa musique; il n'entendait ni les imprécations des pêcheurs, ni les murmures que sa clarinette soulevait. Il se mit à arpéger; puis une cascade de notes piquées, puis des trilles, puis des variations sans fin se firent entendre.

Le gros homme n'y tint plus.

« Avez-vous bientôt fini? » demanda-t-il, furieux.

Le musicien, tout à son instrument, ne répondit pas.

« Monsieur, cria le pêcheur, que l'apoplexie menaçait, c'est monstrueux ce que vous faites là; quand on est atteint d'une pareille infirmité, on reste chez soi.

— Si je vous ennuie, allez-vous-en, dit enfin le mélomane.

— Voilà deux sous, partez. »

A ces mots, le joueur de clarinette sentit le rouge lui monter au front, et, sous l'outrage, il trembla. Il posa doucement et avec soin sa clarinette sur le gazon, et sans effort, sans bruit, d'une main il jeta son insulteur dans l'étang; puis, comme s'il eût accompli la chose la plus naturelle du monde, il reprit sa clarinette et attaqua le *Lac* de Niedermeyer, pendant qu'on retirait de l'eau le malheureux pêcheur. Aussitôt à terre, celui-ci ramassa ses lignes et ses grelots, et partit au milieu du rire général, tandis que la clarinette jouait avec enthousiasme et conviction le *Chant du départ*.

TROISIÈME PARTIE

LES FILETS

L'ÉPERVIER — L'ÉCHIQUIER — LE GUIDEAU — LA SENNE — LE TRAMAIL — LA TROUBLE — LE VERVEUX — LES NASSES

Si la pêche aux filets est plus productive que la pêche à la ligne, elle est plus coûteuse et demande un plus long apprentissage, surtout pour l'épervier, qui exige de la part de celui qui le lance une certaine force et beaucoup d'adresse.

Les filets dont l'usage est le plus répandu pour la pêche en eau douce sont l'épervier, l'échiquier, le guideau, la senne, le tramail, la trouble, le verveux et enfin la nasse.

La plupart des amateurs achètent leurs filets tout faits ; cependant ceux d'entre eux qui seraient tentés de les fabriquer eux-mêmes pourraient lire avec fruit le traité de Duhamel du Monceau sur l'art de fabriquer les filets. Les pêcheurs de profession ne confient à personne le soin de tresser ou de raccommoder leurs engins. Est-ce pour serrer les mailles un peu plus que la loi ne le permet ? nous l'ignorons ; nous nous bornons à constater le fait et à recommander aux amateurs de prendre quelques leçons des gens du métier, qui en quelques heures leur en apprendront davantage que ne pourrait le faire le meilleur volume. L'expérience en ceci est le meilleur des professeurs.

L'épervier.

L'épervier, ainsi que son nom l'indique, fond sur sa proie à la façon des oiseaux de chasse, qui se laissent tomber de tout leur poids sur le gibier qu'ils veulent capturer. C'est un grand filet en forme d'entonnoir ou de cornet, qui en se déployant couvre une grande superficie de terrain. A son sommet, c'est-à-dire à la partie pointue du cornet, est attachée une corde servant à le retirer de l'eau ; tout autour du filet, à environ vingt-cinq centimètres du bord, on faufile une corde garnie de balles de plomb destinées à accélérer la chute de l'épervier et à l'obliger à traîner sur le fond même de la rivière. Cette plombée pèse généralement de douze à quinze livres.

Nous avons dit que le bord du filet doit dépasser la plombée d'environ vingt-cinq centimètres. Ce bord, retroussé intérieurement par des ficelles qui partent du sommet de l'épervier, forme une vaste poche où le poisson vient se prendre.

Pour lancer un épervier, on se tient debout sur l'arrière d'un bateau à fond plat conduit par un rameur expérimenté. Le pêcheur commence par fixer à son poignet gauche la corde qui part du sommet du filet et qui sert à le retirer ; ensuite, de la même main, il saisit tout l'épervier à soixante centimètres au-dessus de la plombée, puis de la main droite il jette sur son épaule gauche le tiers de la circonférence du bord du filet, tout comme il jetterait le pan d'un manteau espagnol. Ensuite la main gauche empoigne un second tiers du filet en laissant pendre le reste librement.

Ainsi placé, l'épervier est prêt à être lancé. A ce moment, le rameur dirigera le bateau de façon qu'il avance par l'arrière, c'est-à-dire à reculons. Le pêcheur tournera le corps vers la gauche pour se donner de l'élan ; puis, se rejetant vivement à droite, il lancera l'épervier de telle façon qu'en se déployant, il forme la roue et tombe à plat sur l'eau.

Aussitôt l'épervier lancé, le rameur imprimera au bateau un mouvement en avant, tandis que le pêcheur balancera son filet de droite et de gauche au moyen de la corde qui est fixée à son poignet. Ce mouvement a pour but de rassembler les plombs et de ramener vers un point central les poissons que le filet a recouverts.

Lorsqu'il sentira que l'épervier est pour ainsi dire en tas, le pêcheur tirera franchement sur sa corde et ramènera le filet hors de l'eau.

On évitera de lancer son épervier dans les endroits couverts d'herbes ou de pierres; outre que l'on ne prendrait rien, on risquerait de déchirer son filet. Il faut faire sécher l'épervier au grand air avant de le rentrer.

Si l'on veut augmenter les chances de succès et s'assurer de bons coups de filet, on peut, comme pour la pêche à la ligne, amorcer les endroits où l'on veut lancer l'épervier. Le son, le pain de chènevis, le crottin de cheval mêlé à de la terre grasse, remplissent très bien cet office.

Il est de toute rigueur que la personne qui se sert de l'épervier n'ait sur ses vêtements aucun bouton, aucune agrafe, auxquels le filet puisse s'accrocher; négliger cette précaution serait s'exposer à un bain forcé, qui n'aurait rien d'agréable en raison de la pesanteur du filet. Au reste, un vêtement spécial en étoffe imperméable est absolument indispensable au pêcheur; il se compose d'une blouse et d'un pantalon. Lorsqu'on aura tâté une fois de l'épervier, on comprendra du reste l'utilité et même la nécessité de ce costume, qui mettra le pêcheur à l'abri des douleurs rhumatismales et des fluxions de poitrine auxquelles l'humidité l'expose.

L'épervier exige une grande pratique, et *quiconque ne sait pas parfaitement nager* devra s'abstenir d'en essayer. Dans tous les cas, les débutants feront bien de prendre quelques leçons que les pêcheurs de profession ne se refuseront pas à leur donner,... moyennant récompense honnête, s'entend.

Un épervier vaut environ quatre-vingts francs; son poids total varie entre vingt-cinq et cinquante livres.

L'échiquier.

L'échiquier est un des filets le plus communément employés. Il consiste en une sorte de nappe carrée de un mètre à deux mètres de côté ; on tend cette nappe en l'attachant par ses quatre coins aux extrémités de deux demi-cerceaux croisés par le milieu et montés sur une perche.

Le filet doit, lorsqu'il est en place, former une sorte de poche, afin que les poissons ne puissent pas sauter hors du bord. Les mailles du milieu seront plus fines que les autres, afin de prendre les petits poissons, tels que goujons et ablettes.

Lorsqu'on veut pêcher avec l'échiquier, on l'enfonce dans l'eau de façon que la nappe repose à plat sur le fond ; puis on attend un moment, et on le relève vivement afin de ne pas laisser aux poissons, qui se trouveraient sur son chemin, le temps de s'échapper.

Les pêcheurs de la Loire se servent d'échiquiers monstres, fixés à des perches de huit à dix mètres. Le milieu de la perche est supporté par un poteau qui sert de point d'appui et sur lequel on peut la faire virer et basculer. Ces grands échiquiers, qu'on appelle aussi *carrelets,* s'emploient surtout pour la pêche du saumon.

Le guideau.

Le guideau est un filet en forme de longue chausse, dont la largeur va en diminuant jusqu'au fond. De même les mailles de l'entrée ont au moins cinq centimètres, tandis que celles du cul-de-sac n'en ont qu'un.

Le guideau se place dans une rivière parallèlement au bord ; l'ouverture sera tournée du côté d'où vient le courant qui jettera dans le filet les poissons, petits et grands. Il en résulte que, dans leurs efforts pour s'échapper, les gros poissons écrasent les plus petits et qu'on ne prend souvent que du poisson mort. Cette pêche est très destructive.

Les grands guideaux ont jusqu'à douze mètres de longueur.

La senne.

La seine ou senne est formée d'une bande de filet assez longue pour s'étendre d'un bord à l'autre d'une rivière; sa hauteur doit être proportionnée à la profondeur de la rivière, de telle sorte que le passage soit complètement barré. La

Pêche à la senne.

partie de la senne qui touche le fond de la rivière est abondamment plombée, tandis que le bord supérieur est pourvu de flotteurs en liège.

Lorsqu'on veut tirer le filet de l'eau, il est nécessaire de rapprocher le plus vivement possible les deux extrémités, afin d'emprisonner le poisson; on hale ensuite sur la rive au moyen de cordes.

Le tramail.

Le tramail se compose de trois filets superposés : celui du milieu est à mailles étroites, tandis que les deux autres sont composés de mailles carrées assez grandes pour laisser passer les poissons. Le tramail se place verticalement dans l'eau ; par conséquent, il doit être garni de plomb à sa base et de liège à sa partie supérieure. Comme il est destiné à obstruer tout ou partie de la largeur d'une rivière, sa longueur doit être proportionnée à l'endroit auquel on le destine.

Une fois le tramail mis en place, on bat les herbes et on agite l'eau de façon à effrayer le poisson, qui va se jeter dans le filet, où il s'emmaille et s'embarrasse entre la *flue* et la *nappe,* c'est-à-dire entre le filet extérieur et celui du milieu.

La trouble.

La trouble est un filet en forme de poche, attaché à un cercle de bois ou de fer auquel on fixe un manche. En d'autres termes, la trouble ressemble à l'épuisette et au filet à papillons. Il y en a cependant de toutes les formes : les unes, et c'est le plus grand nombre, sont rondes ; d'autres sont en demi-cercle, d'autres enfin sont carrées. Ce filet ne sert guère que pour prendre le poisson contenu dans les boutiques ; néanmoins, lorsque les eaux sont troubles, on peut espérer faire quelques menues captures.

Le pêcheur de profession méprise la trouble, qui ne rend guère de services au point de vue de la pêche proprement dite ; il la laisse aux enfants et aux amateurs, qui ne peuvent la considérer que comme un simple amusement.

Le verveux.

Le verveux est un filet conique en forme d'entonnoir, dont la longueur varie de un mètre à un mètre soixante. Pour le tendre, on soutient le filet sur cinq ou six cerceaux dont le diamètre, comme celui du filet, va en décroissant. L'ouverture du verveux s'appelle *la coiffe;* elle est maintenue par un demi-cerceau, et la base est formée par une barre légère qui s'applique exactement sur le lit de la rivière.

Cette ouverture fait face à l'amont, tandis que l'autre extrémité, c'est-à-dire le cul-de-sac, fait face à l'aval.

Le poisson entre facilement dans le verveux et il en sortirait de même, si on n'avait soin d'adapter dans l'intérieur un goulet que le poisson franchit aisément à l'aller, mais dont il ne trouve plus la passe au retour. Plus l'eau est courante, plus on a de chance de faire bonne pêche avec le verveux. Inutile d'amorcer.

Les nasses.

Les nasses sont des verveux en osier. L'ouverture de toutes les nasses présente, comme celle des verveux, un goulet; mais ici il est formé avec des brins d'osier souples et déliés, dont les bouts sont taillés en pointe.

Ces brins sont disposés de telle façon qu'ils cèdent à la moindre pression, lorsque cette pression tend à les écarter en les repoussant vers l'intérieur; mais ils se rapprochent ensuite comme un ressort, et le poisson, qui est entré dans la nasse avec toutes les facilités possibles, n'en peut plus sortir.

Les nasses sont proportionnées à la grosseur du poisson que l'on cherche à prendre. Disons seulement que celles destinées aux anguilles devront être remarquablement solides, et que les brins d'osier devront être très rapprochés.

Les nasses se fixent au fond de l'eau avec une pierre; généralement on y place un appât, vers, grenouilles en morceaux, débris, etc.

Par un temps orageux les nasses donnent beaucoup.

QUATRIÈME PARTIE

LA GRANDE PÊCHE

LA MORUE — LE THON — LA SARDINE — LE HARENG — LE MAQUEREAU — LES RAIES ET LES SQUALES — L'ANCHOIS — LA BALEINE

La morue.

La morue est très répandue dans les mers septentrionales de l'Europe et de l'Amérique, surtout aux environs des côtes et sur les bancs de Terre-Neuve, où se fait la pêche la plus considérable.

La pêche de Terre-Neuve, qui est encore un objet de querelle entre la France et l'Angleterre, occupe à elle seule plus de deux mille bâtiments, et fournit annuellement plus de soixante millions de kilogrammes de poisson.

La morue franche, qu'on appelle *cabillaud* ou *cabéliau* quand elle est fraîche, a de soixante-dix centimètres à un mètre de longueur; elle a la tête grosse et comprimée, la bouche énorme, les yeux grands, à fleur de tête, et voilés par une membrane transparente; ses dents sont mobiles et simplement implantées dans les chairs. Son corps est couvert de grandes écailles, grises sur le dos et blanches sous le ventre avec des taches dorées. La morue est très vorace : elle se nourrit de poissons et notamment de harengs, de crustacés, de mollusques, etc. Sa fécondité est prodigieuse : on a estimé que le ventre de la femelle contient de quatre à huit millions d'œufs.

Parmi les autres espèces, on remarque la *morue égrefin*,

aigrefin ou *églefin* (*gadus eglefinus*), plus allongée, marquée d'une ligne noire et d'une tache noirâtre sur chaque flanc. Cette espèce est commune sur les côtes de Bretagne; sa chair est moins estimée que celle du cabillaud.

La *petite morue* ou *dorsch* (*gadus callarias*) abonde dans la mer Baltique, sur les côtes de la Norwège et de l'Islande.

Le *capelan, capel* ou *caplan,* dit aussi *officier* (*gadus minutus*), bon à manger frais, sert aussi d'appât pour la pêche de la grande morue ou s'emploie comme engrais.

La morue.

La pêche de la morue a lieu en février et en mai au grand banc de Terre-Neuve. Cette pêche se fait avec de longues lignes d'une forme particulière. Les petites embarcations dont on se sert sont montées généralement par quatre pêcheurs, armés chacun de deux lignes, et placés dos à dos, par deux à la proue et deux à la poupe. L'hameçon amorcé est jeté à la mer, et le poisson qui y mord presque immédiatement est tiré brusquement d'abord, puis, d'un mouvement continu, est jeté de travers sur un petit bâton de fer rond placé derrière le pêcheur. Le poisson ouvre la gueule, l'hameçon est dégagé, et l'amorce replacée ou remplacée; le pêcheur immerge de nouveau sa ligne et la retire de la même manière.

Les navires qui servent à la pêche sur le grand banc sont de cent vingt à cent quarante tonneaux. Armés de deux fortes chaloupes et montés par une vingtaine d'hommes, nécessaires à la manœuvre du bâtiment et de ses embarcations, ces navires se rendent directement à Saint-Pierre et y débarquent les *passagers pêcheurs* et les mousses ou novices, qui auront à s'occuper de la sécherie à terre. Chaque soir, les deux chaloupes, montées par cinq hommes, vont tendre

Pêche de la morue.

des lignes, armées de quatre à cinq mille hameçons, et ces lignes, levées tous les matins, amènent une telle quantité de poisson, que M. Révoil, dans son livre sur les *Pêches de l'Amérique du Nord,* nous affirme avoir vu ramasser, dans un seul coup de filet, *trois mille huit cent dix-sept morues;* sans compter les capelans et menu fretin qui grouillaient, se débattant, sautant et crevant sur le sable.

Après avoir pris la morue, on la sale ou bien on la fait sécher. Dans le premier cas on l'éventre, et on lui ôte le foie ou les œufs, après avoir coupé la tête et la langue, que l'on met à part. Les morues ainsi préparées portent le nom de *morues vertes*. Celles que l'on appelle *morues blanches* ont été salées, mais séchées promptement : le sel laisse sur leur corps une croûte blanchâtre.

Les morues *sèches* ou *parées* sont celles que l'on fait sécher plus complètement en les exposant au soleil et à la fumée. On les confond souvent, sous le nom de *merluches*, avec les merlans préparés de la même manière sur les côtes de la Provence.

Dans la Baltique, on donne aux provisions de morue et de merlans secs le nom de *stockfich*.

La chair des morues n'est pas la seule partie dont on fasse usage. Leur langue, fraîche et même salée, est un morceau délicat. On tire de leur foie une huile qu'on emploie contre les maladies de poitrine, les scrofules, etc., et qui est très recherchée dans plusieurs arts. On fait avec leur vessie natatoire une colle qui vaut celle de l'esturgeon, et leurs œufs se servent sur la table en guise de caviar.

Terre-Neuve, découverte en 1491 par Jean Cabot, fut fréquentée par les pêcheurs français dès 1540. Les Anglais n'y vinrent que plus tard, et cependant ils s'en considèrent comme propriétaires : « Terre-Neuve, a dit l'un d'eux, est un grand navire anglais, amarré sur les bancs pendant la saison de la pêche pour la convenance des pêcheurs anglais. Le gouverneur et le capitaine de ce navire, et tous ceux qui s'occupent des affaires de la pêche, forment son équipage et sont soumis à la discipline maritime. »

La France ne possède plus dans ces parages que trois petites îles : celle de Saint-Pierre et les deux Miquelon. Elle a le droit de pêcher et de saler les produits de sa pêche sur la côte de Terre-Neuve, entre le cap Rouge et le cap Saint-Jean, à pêcher et saler le poisson au nord de Belle-Ile et sur quatre-vingts milles de côtes joignant le Labrador, entre Blanc-Sablon et le cap Charles, mais seulement sur les parties de ces côtes qui resteront inoccupées.

Les Français ont de plus le droit d'acheter l'appât sur la côte sud de Terre-Neuve, sur le même pied que les pêcheurs anglais, sans qu'on puisse essayer de les en empêcher, comme on avait cherché à le faire, en décrétant des taxes ou des impôts. Il a été convenu que si cet achat leur était interdit pendant deux saisons, ils auraient le droit de préparer eux-mêmes cet appât dans une certaine limite. Les mêmes conventions ont été faites à l'égard des Français qui sont autorisés à passer l'hiver à Terre-Neuve, pour veiller à la sûreté de leurs navires et à l'entretien de leurs constructions de pêche, mais à la condition formelle de ne laisser que trois personnes par mille de côtes, ces individus restant soumis à toutes les dispositions des lois du pays.

La pêche, à Saint-Pierre et Miquelon, se fait avec des bateaux plats que l'on nomme *warys,* allant à la voile et à l'aviron. Les pêcheurs de ces parages se divisent, suivant leurs attributions, en *pêcheurs sédentaires* ou colons pêcheurs; en *pêcheurs hivernants,* qui s'établissent à terre et y passent la mauvaise saison pendant plusieurs années, et en *passagers pêcheurs,* qui viennent de France et y retournent à la fin de la campagne.

La morue ne se trouve pas qu'à Terre-Neuve, en Islande, en Norwège; on en prend un peu partout. Sur les côtes de France, notamment dans la Manche et à la pointe d'Ouessant, elle est l'objet de prises d'une certaine importance; mais elle arrive fraîche sur nos marchés sous le nom de cabillaud.

La pêche de la morue est si productive, qu'on pourrait craindre, si on ne connaissait la merveilleuse fécondité de ce poisson, d'en voir l'espèce disparaître dans un temps donné; mais cette crainte est à rejeter, et c'est tant mieux pour l'alimentation universelle, le commerce important auquel elle donne lieu et les immenses services de toute sorte qu'elle rend à l'humanité.

Le thon.

Le thon, qui abonde dans la Méditerranée et se montre quelquefois dans l'Océan, atteint une longueur de deux mètres environ. On en a vu de trois mètres, et on affirme même que, sur les côtes de la Sardaigne, on en a pris qui mesuraient jusqu'à cinq mètres. Le corps de ce poisson est arrondi, épais, et va en s'amincissant vers la queue; sa peau est couverte de petites écailles. Son museau est pointu et sa gueule très grande; sa nageoire caudale, échancrée en croissant, porte des saillies latérales, qui donnent à cette partie du corps l'apparence d'un prisme. Le dos est d'une couleur verdâtre ou azurée, suivant l'inclinaison des rayons lumineux; le ventre et la partie inférieure des flancs sont argentés. Les nageoires sont généralement noires, mais les dorsales sont quelquefois teintées de rouge ou de jaune.

Les thons se réunissent en bandes innombrables, dont l'arrivée est annoncée ordinairement par celle des sardines

Le thon.

et des maquereaux; ils vivent à une grande profondeur; mais ils sont très gourmands, et quand ils aperçoivent un navire, ils le suivent pour faire leur proie des matières animales que les matelots jettent par-dessus bord; ils nagent avec une grande vitesse, et leur queue est d'une telle vigueur, que lorsqu'ils en frappent les flots le bruit s'en fait entendre à une grande distance : cet organe est d'ailleurs chez ces poissons une arme et un moyen de défense des plus puissants.

Pline rapporte qu'on nommait *cordyle* le thon très jeune, qui, né dans la mer Noire, passait dans la Méditerranée en automne, y portait le nom de *pélamide* pendant les premiers mois de sa croissance et recevait enfin le nom de *thon* quand il y avait séjourné un an.

Le thon se nourrit de sardines et de beaucoup d'autre

menu poisson, mais sa proie de prédilection est l'orphie. Pour échapper à la dent du requin, qui est son ennemi le plus acharné, il gagne le fond de la mer et s'y tient caché au milieu des algues. Ordinairement il se joue à la surface des eaux. On le trouve sur toutes les côtes de la Méditerranée et même sur celles du Portugal et dans le golfe de Gascogne.

D'après Gryllus, les thons sont plus abondants à Constantinople qu'à Marseille, Venise et Tarente. « D'un seul coup

Pêche du thon.

de filet, dit-il, on remplirait vingt navires ; et on peut les prendre même avec la main. Il est facile, ajoute-t-il, de les tuer à coups de pierre lorsqu'ils remontent vers le port en troupes serrées. »

Les Phéniciens, si l'on en croit Cuvier et Valenciennes, ont pratiqué très anciennement la pêche du thon sur la côte espagnole en deçà et au delà des colonnes d'Hercule; aussi le thon figure-t-il sur les médailles phéniciennes de Cadix et de Carteia.

Aujourd'hui cette pêche n'a d'activité qu'en Provence, en Sicile, en Sardaigne et en Catalogne. Elle se fait à la *thonaire* et à la *madrague.*

Dans la thonaire il faut trois pièces de filet d'environ cent cinquante mètres de longueur chacune. La hauteur de la partie plongée dans l'eau est de dix à douze mètres, que l'on peut doubler au besoin en mettant deux pièces l'une au-dessus de l'autre. Le thon, à l'époque de la pêche, restant à la surface de la mer, on fait flotter le filet à l'aide de bouées, et, l'une des extrémités du filet étant fixée au rivage, on porte l'autre en mer d'abord en ligne droite, puis en le ramenant au point de départ et en faisant le plus long circuit possible. Les bandes de thons, suivant presque toujours les côtes pour éviter les requins et les dauphins, sont arrêtés par les filets ainsi disposés et s'y emmaillent. C'est à ce moment que les pêcheurs ramènent vers la terre l'extrémité libre du filet, faisant prisonniers tous les poissons qui se sont aventurés dans l'enceinte. Sauf quelques variantes, la pêche à la thonaire se pratique ainsi sur presque toutes les côtes de la Méditerranée.

La pêche à la madrague est très compliquée. Elle ne peut avoir lieu que sur une pente régulière à fond sablonneux. On y emploie une grande ligne de petits filets dont la longueur est le plus souvent d'un kilomètre, et que l'on nomme la *queue de la madrague*. Ce filet doit être posé obliquement à la côte, établi à quarante mètres de profondeur et de telle façon que, sur son parcours, il forme quatre ou cinq compartiments. L'appareil doit être maintenu en haut par des flotteurs en liège ou des futailles vides, et en bas par de fortes charges de pierres, car il importe que la madrague résiste à l'action du flot.

Les thons, arrêtés par la queue de la madrague, entrent dans le premier compartiment appelé *izolette*, et, quand ils sont arrivés dans le dernier, qui est la *chambre-de-mort* ou *corpou*, véritable chambre fermée de tous côtés, sauf l'entrée, les pêcheurs, montés sur des barques, s'avancent vers le *corpou*, en ferment le côté ouvert au moyen d'un filet appelé *engarre*, le soulèvent jusqu'à la surface de l'eau, et font des malheureux prisonniers un carnage dont les victimes se comptent par centaines et constituent un butin d'une valeur presque toujours considérable.

L'installation d'une madrague ne pouvant se faire que dans une mer n'ayant pas de marées, les pêcheurs de l'Océan ont recours à d'autres procédés. Ils se servent de la ligne amorcée avec de l'anguille salée. Le plus souvent il suffit, pour faire mordre le thon, de lui présenter un simple chiffon ayant la forme d'une sardine.

Un temps couvert, le vent du nord ou du sud-est modérément violent, une mer agitée doucement, sont favorables à cette pêche ; un soleil trop brillant de même qu'une pluie abondante sont contraires.

Le thon, ne pouvant se conserver longtemps frais, est presque toujours salé ou mariné. Il donne lieu à un commerce très important.

Belon du Mans a apprécié le thon en ces termes : « Ceux qui habitent environ les ors des mers où les thons sont fréquents, ils font tel traffic de leur chair, comme du saumon en nos contrées, ou des harengs é morues. Et afin que leur gain soit double, ils gardent les meilleurs endroits du thon, et les nomment diversement, car les parties du ventre, qui sont plus grasses et meilleures, sont nommées ventresques, tarentelle et surro ; les endroits du dos, de la thonine. »

Les amateurs de nos jours ne contredisent pas à cette opinion.

La sardine.

La sardine ne diffère du hareng que par son sous-opercule, qui est taillé carrément au lieu d'être arrondi, et par sa taille, qui dépasse rarement quinze centimètres. Elle voyage en troupes nombreuses, et elle abonde dans les parages de la Sardaigne, d'où son nom, de même qu'elle donne lieu à une pêche très abondante sur les côtes de Bretagne. Sa présence sur nos côtes est subordonnée à certains phénomènes du Gulf-stream, lorsque, par exemple, ce grand courant a amené les détritus que les pêcheurs de morue jettent à la mer aux environs de Terre-Neuve ; car l'on a remarqué qu'elle méprise tout appât autre que la rogue de morue, et encore faut-il que cette rogue provienne de Terre-Neuve, et non des côtes de Norwège.

Les sardines séjournent sur les grands fonds au large, et

ne se rapprochent des côtes qu'à l'époque de la ponte, c'est-à-dire, sur le littoral français de l'Océan, de mai à octobre.

Les filets employés pour la pêche de la sardine consistent en nappes non plombées de vingt à trente mètres de long sur six à huit de chute, faites d'un fil solide et fin; ils sont maintenus flottants à l'aide de morceaux de liège.

L'apparition de la sardine est révélée par certains indices. Quand le pêcheur voit des bancs de goémons flotter à la surface de l'eau, des bandes de marsouins prendre leurs ébats, ou qu'il entend les cris des goélands et des fous, il s'empresse d'appareiller. Les bateaux destinés à la pêche de la sardine font deux sorties, l'une le matin et l'autre le soir, de juin à septembre; et une seule, de grand matin, de septembre à novembre. Quand les bateaux arrivent à l'endroit favorable, on amène les voiles, on abat les mâts, et l'on tire le gouvernail à bord. Des rameurs nagent doucement pour aller de l'avant, et le filet se déroule à l'arrière, toujours tendu et maintenu verticalement. Le patron, debout à l'arrière, jette la rogue des deux côtés du filet, et, quand les bandes de poissons ont été *levées*, que le filet s'est alourdi sous leur poids au point d'entraîner les flotteurs de liège, le filet est détaché du bateau, fixé à une bouée, et remplacé par un second, un troisième, etc., jusqu'à ce que la sardine ne veuille plus *travailler*. La pêche terminée, les bateaux vont charger les filets laissés en dérive, et, à mesure que s'opère le chargement, l'on démaille. Il suffit d'une secousse pour faire tomber les prisonniers dans la cale.

La préparation de la sardine commence dès qu'elle est débarquée. On lui coupe la tête, on lui enlève les intestins, et, après l'avoir lavée, on la place sur des dalles, où elle est saupoudrée d'une légère couche de sel blanc. Suit la mise en boîtes dans des bains d'huile d'olive de première qualité. Ces boîtes, bien hermétiquement fermées au moyen d'une soudure, s'expédient par millions dans toutes les parties du monde et donnent lieu à un commerce des plus importants.

La sardine fraîche est très estimée; celle qui est simplement salée et mise en barils est d'une grande ressource pour l'alimentation populaire à bon marché.

Pline a raconté que la sardine guérit la morsure du serpent

prester; Galien, qu'elle met en appétit, et que c'est un des meilleurs condiments qui existent.

Apicius, qui nous a laissé de bonnes recettes culinaires, recommande les deux préparations suivantes :

1° Enlevez l'arête et la tête du poisson; pilez du pouillot, du cumin, de la graine de poivre, de la menthe, des noix avec du miel; placez la sardine, après avoir rempli son ventre de toutes ces substances bien mêlées, sur un couvercle au-dessus d'un feu doux, et assaisonnez avec de l'huile, du vin cuit et de la sauce d'anchois;

2° Faites cuire la sardine en l'assaisonnant de poivre, de thym, d'origan, de dattes, de miel, et servez-le avec des œufs durs coupés en petits morceaux.

Le hareng.

Le hareng appartient au genre de poissons malacoptérygiens abdominaux, à l'ordre des squamodermes, à la famille des clupéidés. Son corps est comprimé, son ventre tranchant, et sa tête égale au cinquième de la longueur totale. Son sous-opercule est arrondi, ce qui le distingue de la sardine. Il a les maxillaires, la langue et les palatins garnis de dents très fines. Il diffère de l'alose en ce que ses deux intermaxillaires n'ont pas d'échancrure. Le hareng vivant est vert glauque sur le dos, blanc sur le ventre et sur les côtés; il est partout couvert d'un brillant glacé. Quand il est mort, le vert de son dos se change en bleu. On trouve dans le ventre de la femelle environ soixante-quinze mille œufs.

Le hareng abonde dans l'Océan boréal. A certaines époques, il se montre en bandes innombrables sur les côtes de la Norwège, de la Hollande, dans toute la mer du Nord et dans la Baltique; il descend jusqu'à Noirmoutiers et même quelquefois jusque dans le golfe de Gascogne; mais il ne va pas plus bas, et on ne le trouve pas dans la Méditerranée.

A l'époque du frai, le hareng arrive, dans certains parages, en troupes serrées de cinq à six kilomètres de long sur trois ou quatre de large. L'eau paraît être en feu et brille de reflets que les marins appellent *éclair de hareng.*

Ce poisson se tient à des profondeurs très variables. Il approche de la surface quand le vent souffle violemment, et il s'en éloigne en temps calme et quand la lune est dans son plein.

L'époque de la pêche diffère suivant les localités, et dépend du chemin que suit le poisson pour aller du nord au sud.

Les premiers documents que l'on possède sur la pêche du hareng en France remontent au commencement du XIe siècle. En 1030, la vallée de Dieppe comptait cinq salines et cinq masures.

Sur les côtes de la Norwège, les équipages de pêche se composent de quatre à cinq bateaux, accompagnés d'une embarcation pontée où se trouvent les lits, les vêtements de rechange et les vivres. Chaque bateau est monté par quatre ou cinq hommes et armé de vingt à trente filets. Ces filets sont jetés sur les bancs de harengs ou sur les passages présumés des bandes, après avoir été lestés par le bas et garnis de flotteurs de liège par le haut. On les fait descendre verticalement et de façon qu'ils forment dans la mer autant de cloisons à claire-voie. Suivant que la mer est houleuse ou belle, les pêcheurs donnent à ces filets une longueur de cent cinquante à quatre cents mètres, et ils les jettent le soir pour ne les lever que le lendemain matin; mais si le poisson est abondant et voisin des côtes, la pêche se continue tout le jour durant. Il est prudent de se munir de filets de rechange, parce que l'on est exposé à en perdre.

Le hareng se pêche aussi avec des sennes, autrement dit avec des filets traînants, que l'on jette en demi-cercle près de la côte, et que l'on tire par les deux bouts de manière à ramener à terre tout le poisson qui s'est aventuré dans l'enceinte ainsi formée. Ces sennes, qui dépassent quelquefois trois cents mètres de longueur, sont le plus souvent attachées par les deux bouts à des bateaux entre lesquels on oblige les bandes à passer en les effrayant au moyen de planches peintes en blanc qu'on relève et qu'on abaisse alternativement, jusqu'à ce que les deux extrémités du filet soient amenées à la côte.

Ce genre de pêche ne réussit pas toujours; mais on lui attribue des prises qui se sont élevées à vingt et même à trente hectolitres de harengs pour un seul coup de filet.

Certaines captures d'une seule nuit ont été estimées à cent cinquante mille francs de valeur. La pêche à la senne se pratique surtout au sud de Bergen.

Boulogne est la côte de France où la pêche du hareng est le plus productive : elle a rapporté en 1879 près de six millions de francs. Dieppe et Fécamp sont, après Boulogne, les deux grands ports qui occupent le plus de bras et d'embarcations pour cette pêche.

Pêche du hareng.

Les harengs, dès qu'ils sont débarqués, sont versés dans de grandes cuves pleines d'eau douce; des femmes les en retirent un à un, les pressent entre leurs doigts en faisant glisser la main de la tête à la queue pour les débarrasser de tout corps étranger, et font ainsi ce que l'on appelle *mouler* le poisson. Ensuite elles soulèvent l'opercule, et, saisissant les ouïes, elles les arrachent en entraînant une partie de l'intestin. Ce qui reste d'entrailles est enlevé au moyen d'une incision à la gorge.

Le poisson passe, immédiatement après cette opération, dans des ateliers où il est caqué, puis jeté dans un bac où le saleur le brasse. Quand celui-ci juge que les harengs ont pris tout le sel qui leur est nécessaire, il les tire des tonnes, les lave dans la saumure, et les met à sécher dans des corbeilles. Quand enfin ils sont bien propres et bien secs, ils sont paqués dans des barils et livrés au commerce sous le nom de *harengs blancs* ou *harengs paqués*.

On conserve ce poisson non seulement par le procédé cidessus, mais aussi par la fumée.

Les harengs saurs sont braillés sans être caqués : on les embroche par les ouïes dans des baguettes et on les suspend, pour les fumer, soit dans des tuyaux de cheminée, soit dans des chambres spéciales appelées *coresses*, où arrive la fumée d'un feu doux entretenu avec du hêtre, du chêne ou de l'aune. Les harengs ainsi fumés se distinguent en *bouffis*, *demi-prêts*, et en harengs *saurs* proprement dits. Les premiers ne sont soumis à la fumée que pendant quelques heures; les seconds la reçoivent de trois à six jours, et les derniers pendant beaucoup plus longtemps.

En 1881, les trois ports hollandais de Scheveningen, de Kastwijk, de Noorwijk et le port de Boulogne ont livré à eux seuls au commerce plus de cent dix millions de harengs saurs.

On a attribué à tort l'art de saler et de caquer le hareng à un pêcheur de Biervliet nommé Georges Beuckels, qui vivait au XIVe siècle, et n'a pu tout au plus que perfectionner cette industrie.

Le maquereau.

Le maquereau appartient au genre de poissons acanthoptérygiens et à l'ordre des squamodermes. Type de la famille des scombéroïdes, il a des écailles, pour ainsi dire, imperceptibles. Son corps est rond et fusiforme; son dos est d'un beau bleu métallique, changeant en vert irisé et rayé de noir. Le dessus de sa tête est bleu tacheté de noir; le reste du corps est d'un blanc argenté ou nacré. Ce poisson a la première dorsale séparée de la seconde par un grand intervalle; il a plusieurs petites nageoires sur les côtés de la queue, et n'a point de vessie natatoire.

Les maquereaux, comme les harengs, se reproduisent sous

les glaces polaires. Quand ils sont arrivés à tout leur développement, ils se répandent en troupes immenses ou *bancs* dans les mers des zones tempérées; mais, différant en cela des harengs, ils reviennent au pôle vers l'hiver. D'avril à juin, les maquereaux abondent sur les côtes de France et d'Angleterre. Ils entrent dans la Manche par l'ouest, au mois d'avril, et avancent toujours vers le pas de Calais, de sorte que, lorsqu'il n'y en a plus sur les côtes de Bretagne, la pêche s'en fait encore sur celles de Normandie et de Picardie. Les ports de mer qui se livrent le plus à la pêche et à la salaison du maquereau sont Boulogne-sur-Mer, Dieppe et le Havre.

Au printemps et en été le maquereau abonde dans le golfe de Gascogne. Toute l'année on en trouve dans la Méditerranée, et Fréjus et Cette en pêchent de grandes quantités. Il fréquente la mer Noire, mais n'entre pas dans la mer d'Azof.

Selon Anderson, les Islandais ne font aucun cas du maquereau; ce qui tendrait à faire croire que l'espèce de leurs parages est de qualité tout au moins inférieure.

Quand le temps est beau, la pêche du maquereau commence vers le milieu de mai.

C'est dans les environs de Bergen que se rendent les pêcheurs.

Il n'y a pas longtemps encore que cette pêche se faisait au moyen de lignes traînantes, et que, grâce à la voracité du maquereau, elle rapportait parfois deux à trois mille poissons; mais aujourd'hui on emploie presque partout les filets dérivants, comme ceux dont on se sert pour la pêche aux harengs. Ces filets, longs de trois cents mètres, sont maintenus verticalement à l'aide de flotteurs en haut et de pierres en bas. Un seul bateau, avec cet engin, peut en une nuit, au dire de M. Hermann Baars, capturer deux et même trois mille poissons.

Nos pêcheurs de la Manche vont jusque dans la mer d'Irlande et sur les côtes de Bretagne. Ils partent vers les premiers jours d'avril et ne rentrent qu'au mois de juin.

Le maquereau se prend facilement à la ligne dite *libouret,* dont la longueur est de cinquante mètres environ, et que l'on maintient entre deux eaux au moyen de plombs. Il mord très bien aussi à la ligne dormante dans une eau courante et peu profonde.

Le maquereau se prend vers la surface; on ne le pêche que la nuit, parce que le poisson voit le filet et essaye presque toujours de le franchir; aussi les nuits les plus noires sont-elles les plus favorables.

Les maquereaux pris loin des côtes doivent être ouverts et vidés, puis salés en grenier. Cette opération se fait dans la cale avec des couches alternatives de sel. On peut aussi les saler en vrac dans des barils. Quand ils sont déchargés à terre, on a soin de les laver soigneusement et plusieurs fois à l'eau douce, puis on les presse dans des tonneaux au milieu du sel. C'est à Dieppe et à Fécamp que la préparation du maquereau se fait le mieux, et c'est à juste titre que les produits de ces provenances sont les plus estimés.

Les raies et les squales.

La *raie,* genre de poissons chondroptérygiens, de l'ordre des plagiostomes, famille des sélaciens, a le corps large, aplati horizontalement en forme de disque, des nageoires pectorales larges et charnues, la queue longue et grêle. Sa bouche large est située en travers, à la face ventrale, et les mâchoires sont armées de dents menues.

La raie habite exclusivement la mer; elle est très vorace et se nourrit de crustacés et de petits poissons. Les œufs sont enveloppés dans des espèces de petits sacs carrés, longs et aplatis, dont les quatre coins sont prolongés.

Nos marchés sont généralement aujourd'hui approvisionnés de ce poisson, que les anciens estimaient peu.

On le pêche avec des filets et avec des lignes amorcées de petits poissons. On les transporte au loin, et l'on a remarqué que la chair en est meilleure que lorsqu'elle n'a pas voyagé.

Les espèces principales sont : la *raie commune,* la *raie blanche* ou *cendrée,* qui habite presque toutes les mers, atteint jusqu'à quatre mètres, et porte à la queue deux épines fortes et pointues ; la *raie bouclée,* vulgairement *clavel* ou *clavelade*, reconnaissable à sa peau hérissée de tubercules osseux, munis chacun d'un aiguillon recourbé comme une *boucle*, d'où son nom : — cette espèce a le dos bleuâtre et semé de taches rondes et blanches; on la trouve dans toutes les mers d'Europe; c'est la plus recherchée pour la table; — la *raie à museau aigu* ou *oxyrhinque*, appelée vulgairement *alène* dans le midi de la France; la *raie pastenague*, vulgairement *ratepenade*, etc.

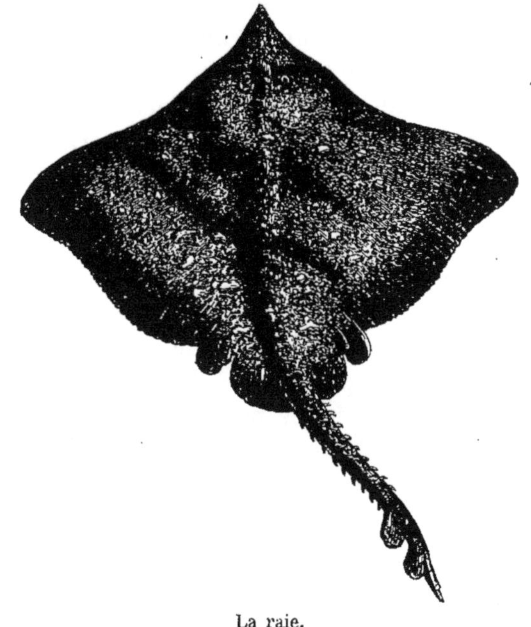

La raie.

Les squales renferment un grand nombre d'espèces. Leur corps allongé, revêtu d'une peau rugueuse et très dure, souvent parsemée d'aiguillons appelés *boucles*, se termine postérieurement par une queue grosse et comme fourchue. Leur museau est proéminent, et leur bouche, située transversalement sous le museau, est garnie de dents extrêmement tranchantes.

Les squales sont les poissons les plus voraces de l'Océan. Quelques-uns atteignent des dimensions considérables.

Les principales espèces sont : la *roussette* ou *chien de mer*, le *requin*, la *milandre*, la *scie*, l'*ange*, l'*aiguillat*, le *humantin* et le *marteau*.

Les squales se prennent au filet ou au harpon. Traînés au rivage, on leur coupe les nageoires, que l'on fait sécher au soleil; on divise les chairs en lanières qui sont salées pour l'alimentation, et on extrait l'huile contenue dans leur foie pour servir dans l'industrie à assouplir les cuirs.

La pêche du requin est dangereuse, et il est arrivé souvent que les pêcheurs ont été mutilés par les morsures de cet animal.

La peau des squales était déjà employée, à l'époque du moyen âge et de la renaissance, au polissage de l'ivoire et des métaux précieux. En 1555, Belon rapporte que « la peau de l'*ange* sert aux Italiens à polir les bois, ainsi que la peau du chien de mer sert à nous ». Salviani écrit à la même époque que « les Turcs se servent de la peau de la squatine pour faire des fourreaux de poignards, de sabres et de couteaux ».

Guillaume Dampier a écrit : « On emploie les plus belles peaux de raspraie à couvrir les étuis des instruments de chirurgie et autres petites boîtes de cette nature, quoiqu'on se soit amusé depuis peu à les contrefaire. J'ai ouï dire qu'on met en Turquie les peaux d'âne à la presse, avec de petits grains durs dessus, ce qui leur donne le même grain qu'on voit à la peau de ces raies dont je viens de parler. »

François Pirard rapporte que les naturels des Maldives pêchent de grandes raies, « les escorchent, et, de la peau sèche et bien estendue, en font des tambours et ne s'en servent d'autres. »

La peau de squale est connue, dans le commerce, sous le nom de *peau de roussette,* et aussi, mais improprement, sous celui de *chagrin.*

La peau du chien de mer est employée par les ébénistes, tourneurs et menuisiers, pour adoucir les ouvrages en bois.

La roussette, le sagre, la centrine, la leiche, sont les espèces qui fournissent la peau dite de roussette ou chien de mer.

Belon a écrit sur cette espèce : « Ce que les Grecs et les Latins ont appelé canicule, la dernière espèce de leurs nusteles et galeots, est véritablement ce que notre vulgaire nomme chien de mer, duquel la peau aspre é rude sert aux menuisiers et charpentiers a polir leurs boys et ouvraiges. Il sert aussi à couvrir les poignées des dagues é espées, pour les tenir plus seurement à la main. »

Le requin se pêche à une profondeur de cinq à six cents mètres, et à des distances de la côte qui vont parfois jusqu'à deux cents kilomètres.

« Dès qu'un bateau a atteint un banc de squales, rapporte M. Hermann Baars, il jette l'ancre. On tend la ligne, et on adapte, à quelques brasses au-dessus des hameçons, une caisse percée de trous et remplie de lard putréfié de phoque ou de marsouin. Cette amorce sort par chacun des trous, et l'odeur qu'elle exhale, portée par le courant, ne tarde pas à attirer le poisson. Le pêcheur tient la ligne, et lorsqu'il sent que le poisson est pris à l'hameçon, il imprime soudain à la corde un mouvement qui a pour effet de le faire pénétrer plus avant dans les chairs. Le squale, saisi, se roule autour de la ligne, et le pêcheur le tire le plus vite possible, en s'aidant d'un petit tourniquet installé sur presque tous les bateaux. Dès que le poisson a été hissé jusqu'à la surface, on le tue avec un grand crochet ou maillet, on lui ouvre le ventre, et le foie commence à flotter. Souvent le squale capturé ne monte jusqu'à fleur d'eau qu'accompagné d'autres squales; on harponne aussitôt ces derniers avec un grand crochet, et on les fixe au bateau par un hameçon très fort, jusqu'à ce qu'on puisse les éventrer. Quand les pêcheurs s'éloignent, ils font souvent flotter les carcasses des poissons à l'aide de bouées; ils craindraient, en les laissant couler au fond, que les squales ne se nourrissent de ces débris et ne se souciassent plus de l'appât. »

La pêche du requin, en Norwège, fournit en moyenne et annuellement cinq mille barils d'huile de foie. Cette huile est excellente pour l'éclairage et est souvent livrée frauduleusement sous le nom d'huile de foie de morue.

Rondelet dit, à propos de la pastenague, que « l'éguillon de ce poisson, conformément à l'opinion de Dioscoride, apaise le mal de dens; il les rompt et tire, comme escrit Pline; il est très bon en la douleur des dens... On le brise aussi; avec ellebore blanc mis sur les dens, il les fait tomber sans tourment; on brusle l'éguillon de la pastenague, après mis en poudre on l'incorpore avec de la résine, de quoi la dens environnée sort dehors. »

Le même auteur, dans un autre passage sur le même sujet, nous enseigne, d'après Oppien, que « l'aiguillon de la pastenague est plus venimeux que les flèches des Perses envenimées, lequel garde son venin encore que le poisson soit mort, estant pernicieux, non seulement aux bestes, mais aussi aux herbes et arbres, car ils sèchent et meurent, estant touchés d'icelui. Circé en donne à Télégone pour en user contre ses ennemis; toutefois il en tua son père sans y mal penser. Du venin de cet éguillon autant en disent Œlian et Pline. Estant bruslé et mis en cendre, appliqué sur la plaie, avec vinaigre, est remède à son venin mesme. Le poisson, ouvert et appliqué sur la plaie, guesrit le mal qu'il a fait. Pline escrit que la présure du lièvre, ou du chevreau, ou de l'agneau, prise du poids d'un drachme, proufite contre la piqueure de la pastenague, et contre la piqueure et morsure de tous autres poissons marins ».

Nous sommes loin de l'époque (1558) où ces croyances étaient répandues.

L'anchois.

L'*anchois,* genre de poissons malacoptérygiens abdominaux, de l'ordre des squamodermes, famille des clupéidés, diffère du hareng par une taille plus petite et une bouche plus large. Sa tête se prolonge en un petit museau conique et pointu ; son corps, allongé, étroit et rond sur le dos, est couvert de larges et minces écailles qui se détachent facilement et sont transparentes. On distingue, parmi ceux qui habitent nos mers : l'*anchois commun* et la *mélette* ou *madilla.* A l'embouchure de la Plata, on en prend, de septembre à fin décembre, une espèce fort délicate, dite *anchois aux fortes dents ;* aux Antilles et dans le golfe du Mexique, on pêche la *pisquette* ou *anchois de margrave.* Ces diverses espèces diffèrent de celles d'Europe par leur couleur et sont très bonnes pour la table ; à celles qui ne sont pas comestibles et sont connues pour être venimeuses appartient l'*anchois bœlassa,* qui fréquente les côtes de l'Inde. Au dire de Dussumier, ce poisson est si dangereux, que la chair de l'un d'entre eux peut tuer un homme ; il a le dos plombé, les flancs et le ventre couleur d'argent, et derrière la tête une tache d'un rouge brique.

L'anchois vit en troupes nombreuses et fait ses migrations, dans la Méditerranée, d'occident en orient au printemps, et en sens inverse en automne. Les requins, les phoques, les marsouins lui font une guerre acharnée.

La pêche des anchois se fait par une nuit bien noire. Trois ou quatre bateaux, montés chacun par trois hommes, gagnent le plus silencieusement possible les endroits fréquentés, et lorsqu'ils sont à une distance de cinq à six kilomètres du rivage, les pêcheurs allument un feu de branches de pin bien sèches sur deux ou trois embarcations appelées *fastiers*, qu'ils placent à une certaine distance les unes des autres. Le poisson, attiré par la lueur des feux, se presse en foule, et quand le pêcheur se voit entouré, il fait rapprocher les fastiers les uns des autres. A ce moment le *rissolier*, bateau porteur des filets, jette ses engins, les feux s'éteignent brusquement, les pêcheurs frappent l'eau de leurs rames en faisant le plus de bruit possible, et le poisson effrayé s'emmaille de tous côtés. On secoue le filet au fur et à mesure qu'on le relève, et la capture tombe d'elle-même dans la barque. On peut répéter la même opération un peu plus loin, si la nuit est encore obscure.

Quand il s'agit de capturer une troupe qui s'approche de la côte pour frayer, on forme avec un grand filet une enceinte s'appuyant au rivage par une de ses extrémités et au rissolier par l'autre. Les fastiers vont faire la chasse et manœuvrent de façon à pousser la bande dans l'enceinte susdite ; quand ce résultat est obtenu, il suffit de ramener vers le rivage la partie du filet qui en est la plus éloignée.

La pêche au feu se pratique généralement et surtout dans la Méditerranée, où l'anchois abonde plus que dans l'Océan.

Ce poisson est recherché depuis les temps antiques et dans tous les pays pour entrer dans les assaisonnements les plus propres à exciter l'appétit.

L'anchois frais est inférieur à la sardine et se mange généralement frit ; salé, il donne lieu à une exportation considérable.

En 1558, Rondelet disait de l'anchois : « C'est un bon

remède pour faire revenir l'appétit perdu ; on l'appreste assez promptement en le faisant fondre sur le feu avec huile, vinaigre et feuilles de persil, qui est aussi bonne sauce pour manger les autres poissons. On mange aussi les anchois crus avec huile é feuilles de persil. »

Avant de saler les anchois, on leur coupe la tête et on enlève les entrailles. Après trois saumures, on les range dans de petits tonneaux sur des couches de sel. La boue rougeâtre que l'on trouve dans les tonneaux provient de matières véreuses que les pêcheurs de la Provence croient indispensable de mêler au sel.

Le bon anchois doit être tendre, blanc au dehors, rougeâtre en dedans, petit, gras et ferme.

Pour le conserver dans l'huile, on le coupe en filets, que l'on met dans des flacons en verre.

On compose avec l'anchois une saumure destinée à rehausser la valeur des mets. Les Grecs et les Romains en faisaient une espèce de sauce, qu'ils nommaient *garum*, qu'ils estimaient grandement et qu'ils employaient à la préparation d'autres poissons.

Les anciens Égyptiens faisaient un grand usage de l'anchois salé ; et aujourd'hui encore, dans le delta du Nil, c'est la principale nourriture des habitants.

La baleine.

Ce gigantesque mammifère, dont les espèces sont nombreuses, est de l'ordre des cétacés mysticètes. Sa tête énorme occupe près du tiers de la longueur de son corps et ne se distingue du tronc que par une légère dépression. Sa bouche, large de deux à trois mètres, atteint, quand elle est ouverte, quatre à cinq mètres de hauteur. On y voit une langue énorme, comme adipeuse, et, de chaque côté de la mâchoire supérieure, est insérée une rangée de corps lamelleux ou *fanons,* au nombre de huit à neuf cents : ce sont eux qui fournissent la substance employée dans les arts sous le nom de baleine. Les deux moitiés de sa mâchoire inférieure ne sont pas réunies entre elles ; elles n'ont pas d'armure ou ne portent de dents que chez les jeunes individus. Malgré leur immense taille, qui atteint mais ne dépasse guère, quoi qu'en aient pu dire certains naturalistes, trente à trente-cinq mètres de long sur dix à quinze de circonférence, les baleines ne se nourrissent que d'animaux très petits : ce sont des mollusques nus ou des crustacés menus. Du reste, l'étroitesse de leur pharynx ne leur permettrait pas d'avaler une proie d'un gros volume. En même temps que ces aliments, la baleine absorbe une grande quantité d'eau. Cette eau passe à travers les fanons comme à travers un crible, en y laissant prisonniers les animaux qu'elle contenait, et va s'amasser dans une cavité particulière, communiquant avec les fosses nasales. Les muscles qui entourent ce réservoir, en se contractant, la chassent avec violence par les *évents* ou narines percées au-dessus de la tête ; de là les jets d'eau qui ont valu à ces cétacés le nom de *souffleurs*.

On distingue les *baleines* proprement dites ou *baleines franches*, et les *fausses baleines* ou *rorquals*, dites aussi *baleinoptères* ou *baleines à ventre plissé*, à cause des larges rides qui sillonnent la partie inférieure de leur corps.

Le dos de la baleine franche est lisse, sans bosse ni nageoires ; sa peau est une espèce de cuir molasse et huileux, qui porte rarement quelques poils. Sous ce derme se dépose une couche dense d'un tissu graisseux, qui atteint souvent quarante centimètres d'épaisseur.

La disposition horizontale de la queue de la baleine indique que cet animal est surtout organisé pour plonger et revenir à la surface avec une extrême rapidité, tandis qu'elle ne peut guère avancer de plus de dix kilomètres à l'heure. Elle vit toujours dans l'eau, et lorsque, par suite de quelque fausse manœuvre ou de quelque gros temps, elle s'est échouée, il lui est presque impossible de se remettre à flot.

La baleine ne donne naissance qu'à un seul baleineau à chaque portée, et l'élève avec toute la vigilance et la sollicitude dont une mère est susceptible.

Autrefois les baleines se rencontraient assez souvent dans nos mers, et l'on peut presque dire qu'elles abondaient dans la Manche à l'époque de l'invasion des Normands. Poursuivies sans cesse par les pêcheurs, elles se sont retirées peu à peu vers le Nord et ne se rencontrent plus aujourd'hui que dans les mers glacées qui avoisinent les pôles.

La pêche de la baleine est une branche importante du commerce maritime. C'est l'école où se forment les marins les plus hardis et les plus expérimentés ; les Basques s'y sont distingués autrefois ; aujourd'hui elle est passée aux mains des Anglais et des Américains.

Pour s'emparer d'une proie si redoutable, un homme robuste, monté sur un solide canot, manœuvré par d'habiles rameurs, s'en approche avec précaution pendant son sommeil, et lui lance un harpon près d'une nageoire pectorale. La baleine, surprise, plonge aussitôt, emportant avec elle le fer du harpon, auquel est attachée une grosse et longue corde appelée ligne, qui suit l'animal jusqu'au fond de l'eau. Bientôt la baleine reparaît à la surface de la mer pour respirer ; on la frappe encore, et l'on répète les coups jusqu'à ce qu'elle soit affaiblie et meurt. Elle est ensuite traînée au vaisseau ou au rivage ; on la dépèce pour en mettre la graisse dans des tonneaux.

Quelquefois, pour frapper de loin la baleine, on se sert de fusées et de la pile électrique.

L'huile qu'on extrait de la graisse de la baleine est employée à l'éclairage, dans la fabrication des savons noirs, à la détrempe des couleurs, dans la préparation des cuirs. Sa chair, fraîche ou salée, sert souvent de nourriture aux populations maritimes. Les intestins fournissent une membrane transparente, et les excréments mêmes sont employés pour teindre les toiles en rouge. Les fanons sont distribués en paquets de dix à douze, que l'on laisse entiers, ou que l'on divise pour les rendre plus portatifs. On scie ces fanons suivant leur longueur, et on les ramollit dans l'eau chaude. La force, la légèreté et la grande élasticité qu'ils possèdent après ce traitement les font employer dans beaucoup d'industries, telles que la fabrication des parapluies, ombrelles, corsets, etc. Chauffée dans un bain de sable, de vapeur ou d'eau, la baleine se ramollit et peut se travailler, comme la corne et l'écaille, en tabatières, pommes de canne, etc.

Les baleines, outre l'homme, sont en butte aux attaques de nombreux ennemis ; aussi leur nombre va-t-il en décroissant tous les ans. Le narval, le poisson-scie ou espadon, livrent à la baleine de terribles combats dont le bruit se fait entendre au loin en mer. Dans ces luttes, l'énorme cétacé n'a pas toujours le dessus, et souvent ses adversaires rem-

Pêche de la baleine.

portent la victoire; parfois aussi, d'un coup de sa terrible queue, la baleine assomme les assaillants.

C'est surtout lorsqu'elle a son petit à défendre que la baleine est terrible. Qu'un danger le menace, elle s'offre aux coups pour protéger sa progéniture.

Le baleineau, pendant sa prime jeunesse, est allaité par sa mère. Seulement, comme il lui serait difficile de téter à cause de la conformation de sa bouche et du milieu liquide dans lequel il vit, sa mère répand dans la mer le lait de ses mamelles, et le jeune nourrisson n'a plus qu'à boire, *dans la grande tasse,* son lait coupé.

La grande pêche ou pêche maritime est, comme on le voit, de la plus haute importance, tant pour la valeur de ses produits que pour les revenus qu'elle assure à l'État et les ressources alimentaires qu'elle introduit dans le commerce. Seulement c'est loin d'être une pêche à la portée de tout le monde. Il faut être marin ou pêcheur de profession pour s'y livrer. Or ce n'est pas à cette classe spéciale de lecteurs que notre livre s'adresse; aussi nous sommes-nous borné à donner, sur les enfants de l'Océan, quelques lignes d'intérêt général qui n'ont d'autre prétention que de faire connaître, *grosso modo,* les principaux engins employés pour la capture des poissons que nous voyons tous les jours sur les tables de famille.

La grande pêche est l'école des marins, et c'est là que se forment les jeunes hommes destinés à faire partie un jour des équipages de nos navires de guerre. Nos pêcheurs vivent au milieu de dangers continuels; leur vie est une série non interrompue de périls vaincus et de traits d'héroïsme. On ne se doute pas, le plus souvent, de l'énergie qu'il a fallu déployer, à Terre-Neuve ou ailleurs, pour prendre les inoffensives morues que le carême met dans toutes les maisons. On ignore les noms de ceux qui sont morts sur les bancs, humbles héros du devoir accompli et de la lutte pour l'existence.

A tous ceux-là, morts et vivants, qui ont risqué et qui risquent leur vie, promenant sur les mers le pavillon tricolore, nous envoyons du fond du cœur un adieu et un salut, regret sincère et témoignage d'admiration.

Que les flots leur soient propices!

FIN

TABLE DES MATIÈRES

PREMIÈRE PARTIE

DEUXIÈME PARTIE

TROISIÈME PARTIE

LES FILETS

QUATRIÈME PARTIE

LA GRANDE PÊCHE

23172. — Tours, impr. Mame.

www.ingramcontent.com/pod-product-compliance
Ingram Content Group UK Ltd.
Pitfield, Milton Keynes, MK11 3LW, UK
UKHW021056200726
13857UKWH00003B/949

9 782011 947284